Karl Herndl

Auf dem Weg zum Profi im Verkauf

Karl Herndl

Auf dem Weg zum Profi im Verkauf

Verkaufsgespräche zielstrebig und kundenorientiert führen

4., überarbeitete Auflage

GABLER

Bibliografische Information der Deutschen Nationalbibliothek
Die Deutsche Nationalbibliothek verzeichnet diese Publikation in der Deutschen Nationalbibliografie; detaillierte bibliografische Daten sind im Internet über <http://dnb.d-nb.de> abrufbar.

1. Auflage 2001
2., ergänzte Auflage 2004
3., überarbeitete Auflage 2009
4., überarbeitete Auflage 2011

Lektorat: Manuela Eckstein

Gabler Verlag ist eine Marke von Springer Fachmedien.
Springer Fachmedien ist Teil der Fachverlagsgruppe Springer Science+Business Media.
www.gabler.de

Umschlaggestaltung: KünkelLopka Medienentwicklung, Heidelberg
Satz: ITS Text und Satz Anne Fuchs, Bamberg
Druck und buchbinderische Verarbeitung: AZ Druck und Datentechnik, Berlin
Gedruckt auf säurefreiem und chlorfrei gebleichtem Papier
Printed in Germany

ISBN 978-3-8349-3198-6

Vorwort

Liebe Leserin, lieber Leser!

Trotz aller technischen Neuerungen und Hilfsmittel im Verkauf bleibt das professionell geführte Verkaufsgespräch das A und O jeder erfolgreichen Vertriebstätigkeit. Eine regelmäßige Selbstüberprüfung und Aktualisierung der persönlichen Arbeitstechnik sind gute Voraussetzungen dafür, mit den Veränderungen von heute Schritt zu halten.

In dieses Buch sind meine in mehr als 1 000 Vertriebsseminaren und Vorträgen gewonnenen Erfahrungen eingeflossen. Mit Einverständnis der Teilnehmer werden Auszüge aus Verkaufsgesprächen wörtlich wiedergegeben, die entweder beim Kunden direkt oder im Rollenspiel eines Verkaufsseminars stattgefunden haben.

Das Durcharbeiten dieser praktischen Beispiele wird Ihnen wichtige Kenntnisse vermitteln. In meinen Kommentaren finden Sie darüber hinaus ausreichend Möglichkeiten, die Beispiele auf Ihr persönliches Berufsfeld zu übertragen. Ausgehend von der Einstellung zum Job über Arbeitstechniken erhalten Sie Hinweise für Ihren persönlichen Weg zum Verkaufsprofi.

Das *erste Kapitel* beschäftigt sich mit der wichtigsten Voraussetzung fur einen erfolgreichen Verkäufer: der Einstellung zum Job. Wir sind selbst dafür verantwortlich, uns ständig weiterzuentwickeln, indem wir bewusst Handlungen setzen, die uns schwerfallen. Denn das ist die Voraussetzung für eine erfolgreiche Weiterentwicklung. Diesen Prozess beschreibe ich als das Überschreiten der „roten Linie", eine Entwicklungsgrenze, an die wir immer wieder stoßen.

Entwicklung im Verkauf setzt die Bereitschaft voraus, diese „rote Linie" ständig zu überschreiten. Die „rote Linie" sieht für jeden Verkäufer anders aus. Bei einem liegt sie im „Telefonieren“, beim zweiten in der „Abschlusstechnik“, beim dritten in der „konsequenten Umsetzung“. Wie auch immer die „rote Linie“ aussieht, ein Verkäufer kann sich nur entwickeln, wenn er sie bewusst überschreitet. Darum werden Sie in diesem Kapitel aufgefordert, Ihre persönlichen „roten Linien“ zu entdecken, und Sie erhalten auch konkrete Hinweise, wie Sie diese überschreiten können.

Im *zweiten Kapitel* geht es um ganz konkrete Arbeitstechniken. Hier spielen Organisation, Telefonakquise, Motivforschung, Einwandbehandlung, Umstiegsfragen im Verkaufsgespräch, Abschlusstechnik die zentrale Rolle. Die Beispiele sind sehr praxisnah gestaltet. Sie stammen zum Großteil aus den Sequenzen mit Verkäufern in Seminaren oder im Coaching sowie aus persönlichen Erfahrungen. Die Beispiele werden anhand von Verkaufsgesprächen in „gängigen Branchen“, wie zum Beispiel Versicherung, Bank, Tourismus, geschildert. Damit werden Erfahrungen angesprochen, die Sie in Ihrem Leben als Verkäufer und als Kunde bereits gemacht haben. Arbeitsanleitungen unterstützen Sie dabei, die gewonnenen Erkenntnisse auf die spezifischen Anforderungen in Ihrer Branche zu übertragen und Ihr Verhalten im Verkaufsgespräch entsprechend zu adaptieren.

Im *dritten Kapitel* geht es um Ihren persönlichen Weg zum Profi im Verkauf. Dort wird aufgezeigt, wie Sie die Inhalte dieses Buches für sich am besten nutzen können.

Die einzelnen Abschnitte sind voneinander klar getrennt. Die größte Wirkung für Ihre persönliche Entwicklung zum Profi im Verkauf erzielen Sie aber, wenn Sie das Buch vom Anfang bis zum Schluss durcharbeiten.

Die vor Ihnen liegende 4. Auflage dieses Buches erscheint nun ziemlich genau zehn Jahre nach der Erstausgabe im Dezember 2001. Die Vorstellung, dass dieses Buch Verkäufer aller Branchen nun schon so lange begleitet, erfüllt mich mit Freude. Die einzelnen Kapitel dieses Buches habe ich aufgrund der Erfahrungen mit meinen Seminarteilnehmern überarbeitet und aktualisiert, die Grundaussagen sind aber dieselben geblieben. Ein neues Kapitel am Schluss dieses Buches beschäftigt sich mit der Ordnung der Verkaufsprozesse, die sich aus meiner Sicht in den letzten Jahren immer mehr zur Basis für einen langfristigen Verkaufserfolg entwickelt hat.

Nun bleibt mir nur noch, Ihnen viel Spaß beim Lesen und viel Erfolg bei der Umsetzung zu wünschen.

Ihr

Karl Herndl

Inhalt

Die Einstellung zum Job

1. Macht mir meine Verkaufstätigkeit Spaß?

Ein sonniger Tag im Frühsommer – ich befinde mich auf dem Weg in das Seminarhotel. Wie bei jedem Seminar gehen mir auch dieses Mal Fragen durch den Kopf: Wer wird wohl an diesem Seminar teilnehmen? Mit welcher Einstellung und welchen Erwartungen kommen die Teilnehmer?

Aus den Unterlagen geht hervor, dass es sich um eine bunt gemischte Gruppe handelt. Zehn Damen und Herren, allesamt Verkäufer aus den Bereichen Finanzdienstleistung, Informationstechnologie und anderen Dienstleistungsbranchen.

Je weiter ich mich dem Seminarort nähere, desto mehr freue ich mich auf die zwei Tage mit den Verkäufern. Meistens handelt es sich dabei um dynamische, aber auch kritische Persönlichkeiten, denn ihr Einkommen ist umsatzabhängig. Verkäufer fordern von einem Verkaufstrainer zu Recht Inhalte ein, die sie sofort in die Praxis umsetzen können.

Der „Branchenmix“ macht die Aufgabe für mich noch interessanter, weil es darum geht, die Bearbeitung der „allgemeinen“ Verkaufsthemen auf die spezifischen Anforderungen der einzelnen Branchen herunterzubrechen.

Die Stimmung in der Gruppe zu Beginn des Seminars ist ausgezeichnet. Ich frage die Teilnehmer, warum sie sich zu diesem Verkaufsseminar angemeldet haben. Die Antworten sind vielfältig: „Mal sehen, was es im Verkauf Neues gibt ...“, „... überprüfen, ob ich auf dem richtigen Weg bin ...“, „... um neue Motivation für meinen Job zu bekommen ...“.

Alle Teilnehmer sind „freiwillig“ hier. Niemandem wurde das Seminar von einer Führungskraft „verordnet“. Diese Voraussetzung macht es möglich, sofort in das Thema einzusteigen:

Die Aussage „... um neue Motivation für meinen Job zu bekommen ...“ ist typisch, aber schwierig, weil sich jeder nur selbst motivieren kann. Begeisterung und Spaß für den Job kommen „von innen“ oder gar nicht. Führungskräfte können ihre Verkäufer zwar mittelfristig motivieren – durch besondere finanzielle Anreize oder Ähnliches –, die langfristige Motivation für den Job kommt aber, wie ich später noch zeigen werde, aus dem Herzen des Verkäufers – oder sie ist nur ein Strohfeuer.

Erfolg trägt ohne Zweifel zur Motivation bei. Zum erfolgreichen Handeln gehört jedoch auch der Einsatz der richtigen Arbeitstechnik. Ein gutes Verkaufsseminar erhöht die Motivation des Verkäufers, weil er Techniken lernt, die sein Verkaufsverhalten in der Praxis beeinflussen – und damit auch seinen langfristigen Erfolg im Verkauf.

Ein Teilnehmer erzählt zu seiner Motivation, das Seminar zu besuchen, Folgendes: „Es gibt manche Verkaufssituationen, bei denen ich wirklich alles tue, um den Kunden zu überzeugen. Aber, was immer ich auch tue, der Kunde springt auf meinen Zug nicht auf.“

Ich lasse diese Aussage zunächst einmal stehen. Dann frage ich die anderen Teilnehmer, wieso denn das so sei. Die Antworten gehen zwar in die richtige Richtung, treffen aber den Kern des Problems nicht.

Trainer: *(an den Verkäufer gewandt)* Was würden Sie sagen, wieso dieses Problem in Ihren Verkaufsgesprächen immer wieder auftritt?

Verkäufer: Ich weiß es nicht, sonst hätte ich das Problem ja schon gelöst.

Trainer:	Sie haben den Kern des Problems schon selbst beschrieben. Können Sie noch einmal wiederholen, was Sie gesagt haben?
Verkäufer:	Ja, sinngemäß habe ich gesagt, dass ich alles tue, die Kunden aber oft auf meinen Zug nicht aufspringen.
Trainer:	Geht es im Verkauf um das, was Sie wollen, oder um das, was der Kunde will?
Verkäufer:	Um das, was der Kunde will.
Trainer:	Warum fragen Sie den Kunden dann nicht, was er will, anstatt Ihre Produkte zu präsentieren?
Verkäufer:	Ja, daran wird es wohl liegen. Gut, dass ich da bin. Werden wir das Thema ausführlich behandeln?
Trainer:	Ja, natürlich, das werden wir!

Zu Beginn von Verkaufsseminaren fällt mir immer wieder auf, dass die Teilnehmer, ganz egal, aus welcher Branche sie stammen, viel zu produktorientiert denken: Wir haben ein Produkt und suchen nun einen Kunden dafür. Statt umgekehrt: Wir haben einen Kunden, erfragen seine Wünsche und Motive und suchen dazu das passende Produkt aus unserem Repertoire.

Wenn man sich die Verkaufsschulungen in großen Unternehmen ansieht, dann stellt man auch heute immer wieder fest, wie produktlastig die Ausbildung von Verkäufern ist. Sachinformationen zu Produkten und Argumentationshilfen, wie die Produkte an den Mann und die Frau zu bringen sind, füllen die Ausbildungspläne von Verkäufern.

Ich erinnere mich an ein Gespräch in einem großen Unternehmen, bei dem es um die Einführung von Verkaufsseminaren ging. Der Vertreter der Bildungsabteilung des Hauses und ich sprachen über die Wichtigkeit der Interviewtechnik für Verkäufer. Der Vorstand unterbrach dieses Gespräch und wies darauf hin, dass die Verkäufer vor allem Produktwissen benötigen. Verkäufer müssten die Produkte des eigenen Hauses, aber auch die der Konkurrenz bis ins letzte Detail beherrschen, dann würden sie die Kunden überzeugen.

Es stimmt natürlich, dass Produktwissen eine wichtige Voraussetzung für den erfolgreichen Verkäufer ist. Die Gefahr dabei besteht aber darin, dass wir dem Kunden ständig präsentieren wollen, was wir alles wissen, statt uns damit zu beschäftigen, was der Kunde eigentlich will.

Beantworten Sie im Verkaufsgespräch keine Fragen, die der Kunde gar nicht stellt.

Ein Verkaufseminar ist deshalb immer eine Herausforderung, Menschen von „Produktzustellern" zu „Fragenstellern" zu entwickeln.

Natürlich werden in Verkaufsgesprächen Fragen gestellt – auch offene Fragen –, bei denen die Antwort mehr ist als ein Ja oder ein Nein. Aber kaum ein Verkäufer betreibt die „Motivforschung" so lange, bis der Kunde genau spürt, dass er das Produkt des Verkäufers unbedingt haben will, weil es zu ihm passt wie kein anderes.

In der Anfangsphase des Seminars stelle ich den Teilnehmern drei Fragen und bitte sie, diese nach ihrem momentanen Gefühl mit Hilfe eines Moderationspunktes zu beantworten. Die folgende Grafik zeigt das Ergebnis einer Seminargruppe:

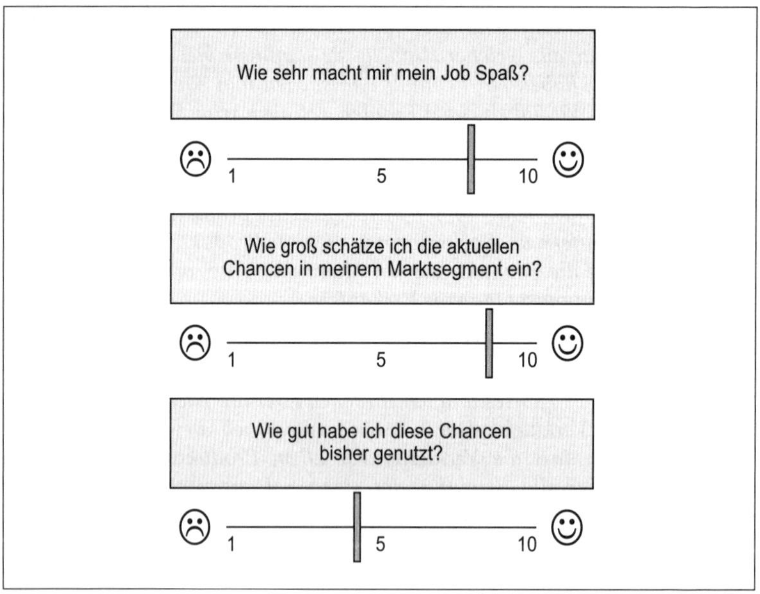

Überlegen Sie nun selbst, wie Sie jede dieser Fragen auf einer Skala von 1 bis 10 bewerten. 1 bedeutet „wenig“ bzw. „kaum“, 10 bedeutet „sehr viel“. Tragen Sie Ihre Punkte in der Skala ein. Haben Sie Ihr persönliches Ergebnis gefunden?

Frage 1: Wie sehr macht mir mein Job Spaß?

Liegen Sie bei der ersten Frage zwischen 7 und 10 Punkten? Wenn nicht, dann sollte es Ihr Ziel sein, diesen Zustand zu ändern.

Die Freude am Erlebnis bestimmt das Ergebnis.

Wenn Sie mit nur 5 Punkten in Ihren Job gehen, dann werden Sie auch wieder mit nur 5 Punkten zurückkommen. Das ist eine einfache Rechnung. Überlegen Sie bitte, welchen Sinn es macht, ein Leben lang eine Tätigkeit auszuüben, die Ihnen nicht wirklich Spaß macht. Das spüren Sie jeden Tag – aber natürlich spüren das auch Ihre Kunden, und letztlich bemerkt das auch Ihr Unternehmen anhand der Umsätze.

Bedenken Sie bitte, dass eine Motivation von außen kaum möglich ist. Nur wir selbst können uns für unseren Job jeden Tag motivieren. Ihr Chef kann Sie bestechen (Wettbewerbe) oder bedrohen („Wenn Sie das nicht bringen, dann müssen wir ein ernstes Wort miteinander reden.“). Motivieren können wir uns nur selbst, indem wir im Verkauf bewusst an unsere Grenzen gehen und auch die „rote Linie“ überschreiten (vgl. Seite 26). Dann genießen wir das Gefühl, eine neue Handlung erfolgreich durchgeführt zu haben.

Motivation kommt stets von innen, nicht von außen. Sie machen sich selbst die größte Freude, wenn Sie das Gefühl haben: „Heute kann ich wirklich stolz auf mich sein.“ Zufriedene Kunden, Ihre Selbstachtung und natürlich auch der finanzielle Erfolg werden Ihnen langfristig Recht geben.

Andererseits ist natürlich auch niemand täglich mit 10 Punkten im Job. Es gibt Höhen und Tiefen, aber so zwischen 7 und 10 Punkten sollte Ihnen der Job im Schnitt schon Spaß machen.

Spaß haben kann man lernen

Betrachten Sie nach dem Aufstehen bewusst Ihr Spiegelbild. Möglicherweise steht Ihnen eine verschlafene Person gegenüber, von der Sie das Gefühl haben, sie kaum zu kennen. Versuchen Sie nun, die Mundwinkel zu einem Lächeln zu heben, und Sie werden feststellen, dass die Welt sofort ganz anders aussieht.

Vielleicht hilft es Ihnen auch, jene drei Eigenschaften aufzuschreiben, die Sie an sich nicht mögen bzw. die andere an Ihnen kritisieren. Nehmen wir an, diese Eigenschaften sind „kleinkariert", „schlecht gelaunt" und „geizig".

Versuchen Sie nun, diese Eigenschaften in ihr Gegenteil umzuformulieren. Bilden Sie damit einen Satz und sagen Sie diesen Satz jeden Tag nach dem Aufstehen zu Ihrem Spiegelbild. In unserem Beispiel würde der Satz lauten: „Ich bin ein kreativer, gut gelaunter und freigebiger Mensch." Sie werden sehen, dass diese Übung ihre Wirkung nicht verfehlt, wenn Sie sie einige Zeit lang konsequent durchführen.

Betrachten Sie mehrmals am Tag bewusst Ihr Spiegelbild, zum Beispiel im Auto, wenn Sie auf dem Weg zum Kunden sind. Sehen Sie in den Spiegel und stellen Sie selbst fest, ob Ihnen ein Mensch entgegensieht, dem Sie selbst in den nächsten Minuten etwas abkaufen würden.

Dasselbe gilt für jene Leser, die in einem Ladengeschäft arbeiten: Beobachten Sie mehrmals am Tag Ihr Spiegelbild. Sehen Sie darin einen motivierten Verkäufer, der sich auf den nächsten Kunden freut?

Produkte sind austauschbar, Verkäufer nicht

Der Markt reagiert heute sehr schnell. Auch wenn Ihr Unternehmen bei einem Produkt einen Vorsprung hat, wird es nicht lange dauern, bis andere Unternehmen nachziehen. Produkte sind heutzutage größtenteils austauschbar. Nicht austauschbar ist jedoch die Person des Verkäufers. Wenn Sie Spaß an Ihrem Job haben, dann wird der Kunde das auch spüren.

Ihre Freude am Job lässt Sie mit ganzem Herzen und mit vollem Einsatz bei der Sache sein. Wenn Sie engagiert sind und ständig das aufregende Gefühl haben, Neues auszuprobieren, dann werden Sie bei Ihren Aktivitäten auch nicht müde.

Der Kunde spürt, wenn Sie für ihn voll und ganz engagiert sind. Versuchen Sie deshalb, Ihren Kopf vor dem Verkaufsgespräch für den Kunden „frei“ zu machen. Atmen Sie kräftig durch, denken Sie nicht an Dinge, die Sie belasten, und seien Sie jede Minute beim Kunden auch voll und ganz für Ihren Kunden da.

Frage 2: Wie groß schätze ich die aktuellen Chancen in meinem Marktsegment ein?

Diese Frage wird interessanterweise von fast allen Teilnehmern im Bereich zwischen 7 und 10 Punkten bewertet. Es gibt immer einen Markt. Die Frage ist nur, ob wir bereit sind, die Chancen in diesem Markt zu sehen – nicht nur seine Probleme.

Mit dem Markt ist es wie mit dem Wetter: Es gibt ihn einfach.

Natürlich verändern sich Märkte und Kunden ständig. Was gestern galt, kann schon in zwei Wochen nicht mehr gelten. Hier unterscheidet sich der Profi im Verkauf vom Durchschnittsverkäufer. Der Profi passt sein Verhalten dem aktuellen Markt an. Er jammert nicht, dass früher alles viel leichter und besser war, sondern stellt sich mit 10 Punkten Engagement der aktuellen Situation.

Markt entsteht immer da, wo Bedürfnisse geweckt werden, und Bedürfnisse werden geweckt, indem man Fragen stellt. Darauf werden wir später noch ausführlich zu sprechen kommen. Hier nur so viel: Der Markt ist keineswegs etwas, das unbeeinflussbar von uns Verkäufern existiert oder nicht. Im Gegenteil: Unsere geschickten Fragen erzeugen den Markt. Es liegt wieder nicht an der Außenwelt, sondern vor allem an uns selbst, an unserer Einstellung, und daran, ob wir bereit sind, die richtigen Fragen zu stellen. Das setzt voraus, dass wir auch bereit sind, uns die richtigen Fragen anzueignen.

Frage 3: Wie gut habe ich diese Chancen bisher genutzt?

Die dritte Frage wird meist sehr offen im Bereich um 5 Punkte beantwortet. Das heißt, wir erkennen ein hohes Marktpotenzial, haben unsere Chancen aber bisher zu wenig genutzt.

Diese Bewertung ist überraschend und bemerkenswert. Da bewegen sich Verkäufer ein ganzes Jahr lang in ihrem Job und haben dabei anscheinend das Gefühl, dass es viel mehr zu ernten gäbe. Auf die Frage, woran das liegt, erhält man meist folgende Antworten:

- Die Konkurrenz hat bessere Produkte.
- Die Kunden wollen sich nicht entscheiden.
- Die Kunden haben schon alles.
- Die Kunden haben kein Geld.
- Wir haben zu wenig Fachwissen.
- Wir geben zu schnell auf.
- Der Druck unserer Führungskräfte ist zu groß.

Ein kritischer Blick auf diese Aufzählung zeigt, dass nur wenige Punkte mit Sachverhalten zu tun haben, die wir verändern können. Die Antworten betreffen unsere Einstellung und unsere

Sicht der Dinge. Wenn wir ständig bei Dingen „hängen bleiben", die wir nicht beeinflussen können, werden wir uns auf dem Weg zum Profi im Verkauf nicht entwickeln. Solange immer andere Menschen oder Umstände dafür verantwortlich gemacht werden, dass wir uns nicht entwickeln, kann dabei natürlich nicht viel herauskommen.

Es gilt also zu überprüfen, was wir an unserer Einstellung und selbstverständlich auch an unserer Arbeitstechnik verändern können, um den Markt besser zu nutzen. Die Arbeitstechnik wird uns noch im zweiten Teil des Buches ausführlich beschäftigen. Bleiben wir noch einen Moment bei der Einstellung.

Kinder können die Freude am Erlebnis ganz unmittelbar ausdrücken. Wenn Sie zum Beispiel mit Ihren Kindern am Meer eine wunderschöne Sandburg bauen, dann haben sie vor allem Freude am Bauen. Es geht ihnen nicht so sehr um das fertige Produkt. Wir Erwachsene hingegen sind stolz auf das Ergebnis und hoffen darauf, dass der Clubfotograf rechtzeitig auftaucht und unser Kunstwerk im Bild festhält. Kinder haben einfach Spaß am Bauen. Wenn das Kunstwerk fertig ist, wollen sie es am liebsten wieder zerstören, um etwas Neues zu bauen – es hat ja so viel Spaß gemacht!

Kinder sind bei allem, was sie tun, zu hundert Prozent engagiert. Egal, ob sie gerade etwas spielen, die Eltern ärgern oder mit etwas anderem beschäftigt sind, sie tun es mit 100-prozentiger Energie. Deswegen werden sie auch nicht müde. Müde werden wir nur, wenn wir uns nicht engagieren. Unser Energieniveau sinkt, und wir brauchen dringend einen Kaffee.

Stellen Sie sich vor, wie sehr Sie Ihren Kunden überzeugen, wenn er spürt, wie sehr Sie sich für ihn engagieren, und wenn er außerdem noch merkt, wie sehr Ihnen Ihr Job Spaß macht. Das ist in einer Zeit, in der Produkte austauschbar sind, die einzige Möglichkeit, sich vom Mitbewerber zu unterscheiden. Die Kunden sollen spüren, dass Sie mit 10 Punkten dabei sind, dann werden sie auch bei Ihnen kaufen.

Es gibt immer Gründe, die uns davon abhalten, mit Kunden zu sprechen – egal ob im Außendienst oder im Geschäft. Oft sind diese Gründe bei genauerer Analyse aber nur Scheingründe und falsch gesetzte Prioritäten. Es gibt nichts Wichtigeres, als ein Verkaufsgespräch zu führen:

Verkaufserfolg setzt voraus, dass Verkaufsgespräche stattfinden.

Wenn Sie dieses Buch nun durcharbeiten, hängt es wieder ganz allein von Ihnen ab, was Sie damit erreichen werden. Sie haben alle Möglichkeiten, sich zu entwickeln. Sie können aber auch alles so lassen, wie es ist. Jedenfalls kann niemand für Sie von außen Veränderung bewirken. Ob Sie sich entwickeln werden, hängt von Ihrer Einstellung ab!

Durch die Beantwortung der drei Fragen zu Beginn des Verkaufsseminars passiert etwas sehr Entscheidendes: Die Teilnehmer entwickeln ein Kaufmotiv für das Seminar. Wenn nämlich der Markt für unsere Produkte offensichtlich vorhanden ist, wir aber unsere Chancen am Markt noch nicht entsprechend nutzen, dann wird uns der Besuch des Seminars dabei unterstützen.

Hier zeigt sich deutlich der Unterschied in der Wirkung von „Produktpräsentation“ und „Fragestellung“. Als Seminarleiter könnte ich den Teilnehmern ebenso gut erzählen, dass sie ihre Chancen am Markt zu wenig nutzen. Ich könnte Vorschläge und Lösungen bieten, von denen sich die Teilnehmer aber nicht unmittelbar betroffen fühlen. Im Gegenteil: Sehr schnell kann die Stimmung entstehen, dass „der da draußen“, wenn er schon alles besser weiß, die Schwierigkeiten des Jobs in der Praxis erleben sollte. Dann würde „er“ nicht mehr so großartige „Reden schwingen“.

Ganz anders reagieren die Teilnehmer, wenn ich ein paar Fragen stelle und die Teilnehmer bitte, die Fragen selbst zu beantworten. Die Diskrepanz zwischen „Chancen“ und „Chancen nutzen“ wird bei dieser Vorgehensweise von den Teilnehmern selbst erkannt. Und damit entwickeln sie ihr Kaufmotiv für das Seminar. Und Sie haben ein Kaufmotiv für dieses Buch.

2. Mit der richtigen Einstellung zum Profi im Verkauf

Ein berühmter Skirennläufer steht im Starthaus. Die Kamera schwenkt auf sein Gesicht. Seine Einstellung, „Ich will dieses Rennen unbedingt gewinnen", ist deutlich von seinem Gesichtsausdruck abzulesen. Dieser Mann will sich selbst bestätigen – jeden Tag von Neuem.

„If you can dream it, you can do it!"

Mit der richtigen Einstellung werden Wunder wahr. „If you can dream it, you can do it." Dieses Credo von Walt Disney kann jeder von uns auf sein Leben übertragen, wenn er es nur wirklich will.

Alle großen Leistungen dieser Welt entstanden, nachdem irgendjemand eine Sehnsucht hatte, etwas Großes möglich zu machen, und nicht eher ruhte, bis er es geschafft hatte. Wenn er selbst die Erfüllung seines Traumes nicht mehr erleben konnte, so hatte er zumindest wertvolle Pionierarbeit dafür geleistet, dass andere ihn später realisiert haben.

Es liegt an Ihnen, ob Sie von Ihrem Leben träumen wollen oder ihre Träume leben wollen. Träume leben zu wollen setzt voraus, dass wir Träume überhaupt zulassen können. Das bedeutet, sich die Zeit zu nehmen, darüber nachzudenken, was wir uns von diesem (einzigen) Leben überhaupt erwarten. Wollen wir uns selbst zusehen, wie wir mit halbem Engagement im Leben stehen, während unsere Zeit verrinnt? Oder wollen wir die Voraussetzungen schaffen, etwas Prickeln in unser Leben zu bringen, indem wir uns selbst herausfordernde Ziele stecken und auf uns stolz sein können, wenn wir es geschafft haben?

Mit Ihrem Job als Verkäufer haben Sie schon bei Ihrer Berufswahl eine wichtige Voraussetzung für ein spannendes Leben getroffen. Die Herausforderungen, die auf Sie als Verkäufer warten, sind so zahlreich wie unterschiedlich, dass es nie aufhört, Spaß zu machen. Sehr gute Verkäufer unterscheiden sich von weniger guten darin, dass sie die Herausforderung des Lebens selbst suchen und in Kundengesprächen immer wieder etwas Neues probieren.

Selbsterkenntnis heißt vor allem zu erkennen, dass ich selbst für mein Tun und Handeln verantwortlich bin. Wir können die Verantwortung keinem anderen zuschieben, weder dem Unternehmen noch der Führungskraft oder dem Kunden. Wir entscheiden selbst, was wir tun oder nicht tun. Wir entscheiden selbst, wie erfolgreich wir sein wollen.

Zu Beginn jedes Erfolgs steht die richtige Einstellung. Denken Sie wieder an den Spiegel: Sehen Sie im Spiegelbild einen dynamischen Verkäufer, der Spaß an seinem Job hat, der sich etwas zutraut und dem Sie etwas abkaufen würden? Oder blickt Ihnen ein zaghafter Mensch entgegen, der sich nicht sicher ist, ob er den richtigen Beruf gewählt hat? Vielleicht sehen Sie im Spiegel einen Menschen, der im Alltag schon müde geworden ist, sich selbst zu fordern und immer wieder neue Ziele zu stecken.

Du bist, was du von dir denkst.

Man könnte auch sagen: „Du bist das, was bei dir programmiert wurde.“ Wenn Sie davon überzeugt sind, dass Sie sich in diesem Beruf erfolgreich bewegen wollen, dann werden Sie es auch schaffen. Unsere Entwicklung zum Profi im Verkauf hört aber nie auf und besteht aus harter Arbeit – auch hinter den Kulissen. Denken Sie an den Skistar, der als strahlender Sieger von Rennen zu Rennen eilt. Die Erfolge sehen wir wohl, nicht aber die harte Arbeit, die dahinter steht, und die Entbehrungen, die eine lange Ski-Saison mit sich bringen.

Den Sieger erkennt man bereits am Start. Der Sieger ist nicht immer derjenige, der alle anderen hinter sich lässt. Der Sieger ist immer der, der sich selbst besiegt. Der mit althergebrachten Gewohnheiten Schluss macht und neue Wege geht. Der glücklich ist, wenn er einmal wieder so richtig die Spannung des Lebens auskosten konnte.

Den Sieger erkennt auch der Kunde am Start. Stellen Sie sich vor, Sie stehen vor der Haustür des Kunden. Er betrachtet Sie womöglich schon durch den Türspion – Sie entscheiden, wen er sieht.

Oder denken wir an den Kontakt mit neuen Kunden. Die Tür geht auf, der Kunde sieht Sie zum ersten Mal. Innerhalb weniger Sekundenbruchteile entscheidet Ihr Auftreten, welche Wirkung Sie beim Kunden haben. Es gibt nämlich keine zweite Chance für den ersten Eindruck. Eindruck kommt von „beeindrucken“, und Sie und Ihre Persönlichkeit sind es, die den Kunden beeindrucken oder nicht.

Den Sieger erkennt man am Start!

Denken Sie an einen jungen Mann, der von seinem Vater immer gehört hat: „Du bist im Sport eine Niete!“ Dieser arme junge Mann will nun einen Weitsprung machen. Er wird sich vor dem Anlauf zaghaft umsehen, ob ihn auch niemand beobachtet. Dann, ein unentschlossener Anlauf, ein zaghafter Absprung, und unser junger Mann landet vielleicht bei knapp drei Metern Weite. Er hat aber das Potenzial für – sagen wir – fünf Meter Weite in sich. Wenn wir jetzt mit der Arbeit an der Technik anfangen, zum Beispiel Anlauftechnik und Absprungtechnik, dann werden unsere Worte wohl kaum auf fruchtbaren Boden fallen. Denn seine Einstellung hat sich ja dadurch nicht geändert. Erst wenn er bereit ist, mit der richtigen Einstellung loszulaufen – „Ich will es wissen!“, „Ich will zeigen, was in mir steckt!“ –, erst dann wird die richtige Technik auf fruchtbaren Boden fallen. Das ist auch der Grund, warum wir in diesem Buch zuerst mit der inneren Einstellung im Verkauf beginnen. Was nützt Ihnen die brillanteste Abschlusstechnik, wenn Sie nicht überzeugt davon sind, dass das wichtigste Kapital in jedem Verkaufsgespräch Sie selbst mit Ihrer Persönlichkeit sind?

In Verkaufsseminaren höre ich immer wieder von den Teilnehmern, dass die Konkurrenz bessere Produkte hat. Produkte sind aber heute größtenteils austauschbar. Den Vorsprung bei Produktneuheiten holt der Markt schnell auf.

Es ist nicht das Produkt, das den Unterschied macht. Der Unterschied besteht ganz allein in der Person, die hinter dem Produkt steht.

Der Kunde fühlt sich bei Ihnen gut aufgehoben. Was tun Sie zum Beispiel, wenn Ihre Friseurin den Laden wechselt? In vielen Fällen wechseln Sie dann auch den Friseurladen, weil Sie weiterhin von „Ihrer" Friseurin betreut werden möchten. Warum eigentlich? Haare schneiden kann doch jeder Friseur! Was machen Sie, wenn Ihr Zahnarzt im Urlaub ist? Warten Sie, bis er wieder da ist, oder gehen Sie zur Vertretung? Zur Vertretung gehen Sie wahrscheinlich nur dann, wenn Sie die Schmerzen kaum aushalten können.

Noch ein Beispiel: Als ich mit meiner Familie von Wien nach Kärnten übersiedelte, ging es darum, viele Dienstleistungen (Bank, Steuerberater, Versicherung usw.) neu zu organisieren. Sowohl die Betreuerin bei der Bank als auch der Steuerberater und die Beraterin in Versicherungsfragen blieben in Wien – mehr als 300 Kilometer vom neuen Wohnort entfernt. Schließlich gibt es Telefon, E-Mail und Fax. Diese Kommunikationsmittel reichen in den meisten Fällen für die Abwicklung der Geschäfte und für die Beratung. Ich wollte, dass mich die genannten Personen weiter betreuen, weil sie mit der richtigen Einstellung ihrem Beruf nachgehen. Von ihnen fühle ich mich als Kunde ernst genommen, weil ich spüre, dass auf eine Weiterführung der Kundenbeziehung zu mir großer Wert gelegt wird. Es ist die Person, die hinter dem Produkt steht, die am „Point of Sale" den Ausschlag darüber gibt, ob gekauft wird oder nicht.

Was für eine schöne Botschaft! Es liegt also an Ihnen, ob der Kunde kauft oder nicht. Es liegt an Ihrer Einstellung. Der Kunde spürt sofort, ob Sie jetzt voll und ganz für ihn da sind, oder ob Sie gerade an den Streit mit Ihrer Frau von heute Morgen oder an den Chaoskunden am Nachmittag denken. Wenn der Kunde kauft, dann kauft er vor allem die Beziehung zu Ihnen – gerade in Branchen, in denen es auf individuelle Beratung und Betreuung ankommt, den Dienstleistungsbranchen.

Ich erlebe das selbst bei der Durchführung meiner Verkaufstrainings: Ich schreibe mir jedes Mal eine Stichwortliste, was ich in der ersten Stunde alles sagen werde, um einen guten und motivierenden Einstieg in das Seminar zu gewährleisten. Wenn dann die erste Pause stattfindet, stelle ich fest, dass der Stichwortzettel immer noch unberührt auf meinem Tisch liegt, weil ich zuhöre, Fragen stelle, auf die Teilnehmer eingehe und sich daraus die Stichworte für mich ergeben. Schon in der Bibel steht: „Kümmert euch nicht um die Worte, sie werden euch gegeben werden." Selbst wenn Sie nicht an der Bibel interessiert sind, werden Sie schon oft festgestellt haben, dass die Worte von selbst kommen, wenn die Einstellung passt.

In Rollenspielen gibt es typische Situationen, bei denen der Betrachter merkt, dass der Teilnehmer jetzt etwas tut, wovon er nicht wirklich überzeugt ist – zum Beispiel den Kunden auf eine Empfehlung ansprechen. Bei der Analyse des mitgedrehten Videos erkennt man sofort, ab welchem Zeitpunkt der Teilnehmer nicht mehr von seinen eigenen Worten überzeugt ist: Der Teilnehmer verändert seine Körperhaltung und seine Stimme und blickt häufig zu Boden. Alarm! Welcher Kunde ist nicht sensibel genug, das zu spüren? Viele Verkäufer wundern sich dann, wenn ihnen der Kunde keine Empfehlung gibt. Oder schlimmer noch, sie sind wieder einmal darin bestätigt worden, dass Kunden keine Empfehlungen geben, und verwenden diese

„Erkenntnis“ als Vorwand, beim nächsten Kunden die Empfehlungsfrage nicht mehr zu stellen.

Es liegt aber weder an der Empfehlung noch an den falsch gewählten Worten. Auf die innere Einstellung kommt es an. Jeder Verkäufer kennt den schönen Satz zum Thema Empfehlung: „Herr Kunde, jetzt haben wir doch für Sie genau das Richtige gefunden. Wer aus Ihrem Bekannten- und Freundeskreis kann von diesen Informationen ebenso profitieren?“ Es liegt nicht an diesem Satz oder an einer ähnlichen Formulierung, wenn wir den Kunden nicht überzeugen können. Die richtigen Sätze haben wir stets in uns. Es kommt darauf an, ob wir wirklich bereit sind, den Kunden nach einer Empfehlung zu fragen. Dann werden wir den Kunden voller Überzeugung ansehen und die richtigen Worte an ihn richten.

Unsere Einstellung ist die Voraussetzung für unsere Entwicklung zum Profi im Verkauf. Immer wieder stoßen wir auf Situationen, die uns die Entscheidung abverlangen, den „Ist-Zustand“ beizubehalten oder „etwas Neues“ zu wagen. Wie wir den Schritt zum Neuen gehen können, wollen wir uns im nächsten Abschnitt ansehen.

3. Die „rote Linie“

Gemeinsam mit meiner Familie machte ich auf einer spanischen Insel Urlaub. Mein älterer Sohn war damals fünf Jahre alt und gerade dabei zu entdecken, welchen großen Spaß es macht, in allen möglichen Variationen vom Sprungbrett zu springen: „kopfüber“, „Schraube“, „Bombe“ und so weiter. Die Sprünge gelangen ihm immer besser. Jedes Mal, wenn er nach dem Sprung auftauchte, setzte er sein strahlendstes Lächeln auf und blickte voller Stolz zu seinem Vater.

Nach wenigen Tagen beherrschte der Junge die Standardsprünge so gut, dass er nach einer neuen Herausforderung suchte. Er rannte los, drehte seinen Körper kopfüber um die eigene Achse und landete sanft im Wasser: Lukas hatte soeben seinen ersten Salto gemacht und grinste über das ganze Gesicht. Was für ein Erlebnis!

Als er wieder aus dem Wasser stieg, kam er auf mich zu und sagte: „Papi, bitte versuch' doch auch einmal einen Salto!". Ich erwiderte: „Lukas, das kann ich nicht!" Ich hatte diesen Sprung zwar als Kind einige Male probiert, seit mehr als 30 Jahren aber vermieden. Lukas blieb hartnäckig: „Papi, du sagst immer zu uns, was man wirklich will, das kann man auch!" Dieser Satz verfehlte seine Wirkung nicht.

Ich fühlte, wie mir ganz warm wurde, und ich wusste, es gab keine Ausrede, die es rechtfertigen würde, jetzt keinen Salto zu probieren. Dabei wären mir so herrliche Ausreden eingefallen: „Wie sieht es denn aus, wenn ein fast 40-Jähriger einen Salto macht!", „Was werden sich die Leute denken, wenn es schief geht?", „Man kann sich dabei leicht verletzen!" etc.

Diese Gedanken ließen mich nicht mehr los. Ich spürte, wie sehr ich meinen Sohn beneidete, der sich den Salto ganz einfach zutraute und ihn auch durchführte. Ich spürte aber auch deutlich, dass meine Ausreden nicht wirklich hieb- und stichfest waren. Was sollte schon geschehen? Das Sprungbrett war – grob geschätzt – nicht einmal einen Meter hoch. Keine Ausrede half. Die Idee, selbst einen Salto zu springen, begann mich zu faszinieren. Die Energie dazu war im Körper bereits frei geworden.

„Papi, machst du nun den Salto?", fragte der kleine Lukas und war bereits von vornherein stolz auf seinen Vater. „Ja!", erwiderte ich, ohne zu zögern. Meine Frau hatte das Ganze mitbekommen und überraschte mich mit ihrer Reaktion. Statt mich davon abzuhalten, holte sie die Videokamera und positionierte sich neben dem Sprungbrett. Sohn Lukas stand auch da und der jüngere Sohn Mattias betrachtete die Situation, nur halb interessiert, aus seinem Kinderwagen. Alles war bereit, ich hatte keine andere Wahl mehr.

Ich stieg die Stufen zum Sprungbrett hinauf, spürte ein banges Gefühl, aber ich hatte mich entschieden, diesen Sprung zu wagen. Ich nahm Anlauf, drehte mich einmal in der Luft und landete im Wasser. Der Salto war gelungen. Das Gefühl beim Auftauchen kann wohl jeder Leser nachvollziehen. Ich war stolz auf mich, weil ich meine Bedenken überwunden hatte. Ich hatte die „rote Linie“ überschritten.

Sie kennen die „rote Linie“ – egal, ob sie Ihnen als „innerer Schweinehund“, als „Entwicklungsgrenze“, als das „große Tier“, das morgens auf Ihrem Körper liegt und Sie nicht aufstehen lässt, oder eben als „rote Linie“ bereits begegnet ist. Wir stehen immer wieder vor Situationen, die uns die Chance geben, uns zu entwickeln, etwas Neues zu wagen. Diesen Schritt zu gehen, ist besonders für Verkäufer eine wichtige Voraussetzung für den Erfolg.

Wenn wir auf dem Weg zum Profi im Verkauf weiterkommen wollen, dann ist die zentrale Frage immer die, ob es uns gelingt, gewohntes Verhalten zu überdenken und Erfahrungen jenseits der „roten Linie“ zu sammeln.

Grundsätzlich zeigt die Erfahrung aus meinen Seminaren Folgendes: Je erfolgreicher Verkäufer sind, desto eher sind sie auch bereit, über sich selbst nachzudenken. Die Aussage eines Teilnehmers „Lass uns anfangen, wir wollen etwas lernen!“ trifft am ehesten jene Stimmung, die erfolgreiche Verkäufer zum Seminar mitbringen. Sie sind natürlich schon erfolgreich, wissen aber ganz genau, wie notwendig es ist, immer wieder mit der Zeit zu gehen. Das bedeutet, gewohntes Verhalten zu überdenken, damit Gutes verstärkt werden kann und bisher wenig genutzte Potenziale sich entfalten können.

Anders verhält es sich mit Teilnehmern, die zum Seminar „geschickt“ wurden, sozusagen als letzte Chance, endlich ihre Umsatzzahlen zu verbessern. In solchen Situationen steht man als Trainer vor der Herausforderung, diesen Teilnehmern Chancen aufzuzeigen und vor allem die Freude am Job wieder zu wecken.

Denn irgendwann hatten diese Leute bestimmt Spaß an ihrem Job, sie haben im Lauf der Jahre nur verlernt, sich selbst für den Job zu motivieren. Sie haben verlernt, über die „rote Linie" zu gehen.

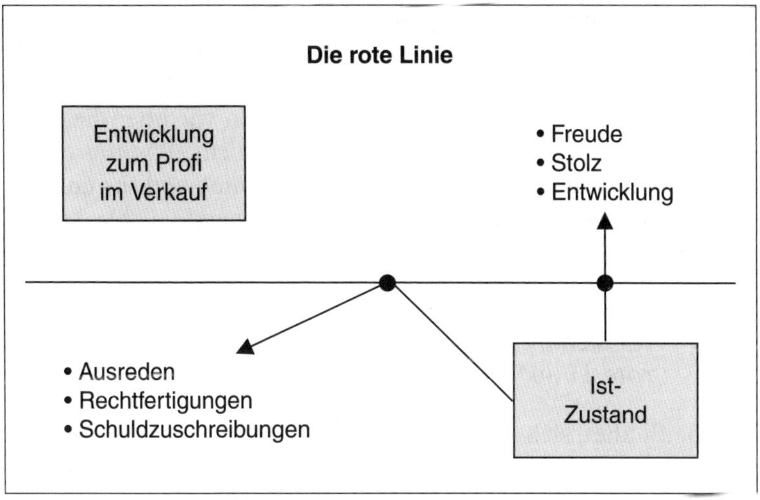

Wenn Sie sich diese Grafik ansehen, werden Sie feststellen, dass diese Energie grundsätzlich zwei Möglichkeiten hat, sich zu entfalten: Entweder wir gehen über die „rote Linie", dann sind wir anschließend stolz. Wir haben etwas Neues geschafft, uns ist leichter, wir fühlen uns wohler. Oder aber wir überschreiten die „rote Linie" nicht. Sie wird zur Barriere, dann muss diese vorhandene Energie wieder den „Retourweg" antreten, und wir reagieren entschuldigend mit Rechtfertigungen, Schuldzuweisungen, Ausreden.

Sie kennen die Situation nach dem Kundengespräch: Eigentlich wollten Sie noch ein anderes Produkt ansprechen. Wenn Sie wieder im Auto sitzen, sagen Sie sich: „Der Kunde hatte ja keine Zeit mehr!", „Das mach' ich dann beim nächsten Mal!", „Der hatte ohnehin kein Geld mehr dafür!". Wenn Ihr Chef Sie schließlich fragt, warum beim Gespräch nichts herausgekommen ist, dann „wollte der Kunde nicht zuhören" oder „er hatte ein besseres Konkurrenzangebot", oder „die Konkurrenz hat sowieso bessere Produkte".

Überlegen wir uns, wie viel Zeit wir für Ausreden verwenden – zur Rechtfertigung vor uns selbst, vor der Partnerin, vor dem Chef. Ausreden haben noch nie ein Problem gelöst. Sie helfen uns nur, unsere Selbstachtung zu erhalten. Was zählt, ist, ob wir die „rote Linie" überschritten haben oder nicht. Denken Sie an das Beispiel mit dem Salto. Entweder gehen wir über die „rote Linie" und machen den Salto oder eben nicht. Wir tun es aus freier Entscheidung. In dieser Situation ist niemand für uns verantwortlich, hier hilft auch die kreativste Ausrede nichts. Sprung oder Nichtsprung, Erfolg oder Nichterfolg. Im Verkauf erleben wir das in gleicher Weise. Deshalb:

Wer sich im Verkauf entwickeln will, muss über seine „rote Linie" gehen.

Das heißt aber, sich zuerst einmal damit zu beschäftigen, wie die eigene „rote Linie" aussieht. Sie ist nämlich von Verkäufer zu Verkäufer ganz verschieden. Doch wie immer sie aussieht, nur derjenige, der sie überschreitet, ist auf dem Weg zum Profi im Verkauf.

Jenseits der „roten Linie" passiert noch etwas Wunderbares. Wenn wir eine Sache, die uns Angst macht, einmal geschafft haben, gelingt sie uns immer. Beispiel Salto: Nachdem der erste Salto gelungen war, spürte ich das Verlangen, diese Situation immer und immer wieder zu erleben. Wir werden sozusagen süchtig nach Erfolg. Wenn wir es einmal geschafft haben, dann können wir es immer wieder. Wir speichern quasi auf unserer „Festplatte": Salto springen tut gar nicht weh. Im Gegenteil, es macht Spaß.

Ganz ähnlich verhält es sich mit Verkaufstechniken. Wenn die Empfehlung für Sie eine „rote Linie" ist, dann werden Sie möglicherweise nie mit dem Kunden darüber sprechen und auf Anfrage unzählige Ausreden parat haben, weshalb der Kunde XY keine Empfehlung gegeben hätte. Wenn Sie es aber einfach probieren und den Kunden mit völliger innerer Überzeugung nach der Empfehlung fragen, dann werden Sie feststellen, dass zumindest jeder dritte Kunde Ihnen Namen nennt. Namen, die Sie für Ihre weiteren Geschäftsaktivitäten verwenden können. Die Frage nach der Empfehlung wird Sie immer daran erinnern, dass Sie sich irgendwann einmal aus eigener Entscheidung überwunden und bewusst Ihre „rote Linie" überschritten haben. Und Sie werden es immer wieder tun, weil Sie feststellen, dass Sie es können und dass Sie damit Erfolg haben.

Die „rote Linie" begleitet uns das ganze Leben lang. Nicht nur im Berufsleben, auch im Privatbereich ist sie unsere ständige Begleiterin: die „schwierige Entscheidung", die wir schon so lange vor uns herschieben, der „Konflikt mit ...", der uns schon so lange beschäftigt – wir finden nicht den Mut, ihn endlich auszuräumen. Oder das Fitnessprogramm, das wir schon so lange beginnen wollten, und das Buch, das wir nie zu Ende gelesen haben. Irgendwann – so sagen wir uns – wird schon Zeit dafür sein.

Sie sehen also, es geht immer darum, etwas zu tun oder es nicht zu tun. Dafür sind nur wir selbst verantwortlich, nicht irgendein Chef oder ein Partner. Ausreden, Rechtfertigungen und Schuldzuweisungen erleichtern uns zwar für den Augenblick die Situation, sie können ein Problem aber niemals lösen.

Was unseren Beruf als Verkäufer betrifft, so sind wir immer „auf dem Weg zum Profi im Verkauf". Manche sind schon ein Stück weiter, manche stehen erst ganz am Anfang. Wer glaubt, mehr zu sehen als andere, hat sich oft schon verrannt. Wir lernen – ein ganzes Leben lang. Lernen heißt, aus dem Gewohnheitstrott heraustreten und etwas Neues probieren, Erfahrungen sammeln – und zwar jenseits der „roten Linie".

4. Typische „rote Linien" im Verkauf

Aus den Verkaufsseminaren der letzten Jahre habe ich eine ganze Reihe von „roten Linien" aufgezeichnet, die Verkäufer immer wieder bei sich entdeckten. Im Folgenden werden solche „roten Linien" erläutert, und es wird gezeigt, warum uns diese bestimmte Handlung oft schwer fällt. Wie Sie mit „roten Linien" umgehen können, wird im nächsten Abschnitt besprochen.

Telefonakquise

Viele Verkäufer bekommen oft schweißnasse Hände, wenn sie einen Kunden anrufen sollen. Handelt es sich um eine ihnen fremde Person, dann ist dieses Unbehagen noch ausgeprägter.

Warum ist das so? Stellen wir uns vor, wir werden von irgendjemandem angerufen, der uns etwas verkaufen will. Wir hören gar nicht zu, was die Person uns zu sagen hat, sondern versuchen alles, um den „Eindringling" abzuwehren. Wir haben „kein Interesse" oder „keine Zeit", wir „haben das Produkt schon" oder „haben momentan kein Geld".

Wenn wir nun selbst der Anrufer sind, empfinden wir genau vor dieser Situation Unbehagen. Was machen wir, wenn der Kunde uns keinen Termin gibt? Wir sind frustriert, probieren es aber vielleicht noch ein paar Mal. Wenn es wieder nicht funktioniert, dann „haben wir eh schon immer gewusst, dass man am Telefon schwer zu Terminen kommt" und versuchen es nicht weiter. Beim nächsten Telefonat ergeht es uns wieder ähnlich. Damit wächst das Unbehagen, und wir telefonieren immer weniger gern.

Das müsste aber überhaupt nicht sein. Die Telefonakquise setzt die richtige Einstellung voraus: Wir wollen jetzt telefonieren. Wenn Sie selbst an sich zweifeln, wird Ihre Stimme diese Zweifel ausdrücken. Der Kunde spürt das, und Sie haben keine Chance mehr.

Richtig telefonieren ist vor allem auch eine Frage der Technik (siehe Seite 148 ff.). Sie benötigen einen passenden „Einstiegssatz“, den Sie sich selbst überlegen. Einen Satz, der genau zum Grund passt, weshalb Sie anrufen. Diesen Satz legen Sie vor sich auf den Tisch, wenn Sie telefonieren. Darunter notieren Sie sich die gängigen Einwände der Kunden am Telefon und die entsprechenden Entgegnungen. Nun können Sie nichts mehr falsch machen. Der Kunde sieht Ihr Hilfswerkzeug ja nicht. Sie aber haben durch diese Vorgehensweise eine große Unterstützung bei der Telefonakquise.

Richtig telefonieren heißt noch lange nicht, dass wir bei jedem Telefonat einen Termin bekommen. Deshalb ist es immens wichtig, sich einen festen Zeitraum vorzunehmen, in dem wir telefonieren, zum Beispiel heute von 17 Uhr bis 19 Uhr. Der Zeitraum ist wichtig. Wenn Sie wirklich länger als eine Stunde telefonieren, dann kommen Sie mit 100-prozentiger Sicherheit zu Terminen. Vielleicht nicht im ersten Gespräch, aber im vierten, sechsten, achten, zwölften usw. Wenn Sie nach den ersten drei Nein nicht weitertelefoniert hätten, hätten Sie überhaupt keinen Termin bekommen.

Wir haben alle Angst vor dem Nein. Schon als kleines Kind wollten wir kein Nein unserer Eltern, weil wir uns abgelehnt, vielleicht sogar ungeliebt gefühlt hätten. Viele Menschen haben in ihrem unbewussten „Lebensplan“ festgeschrieben, Situationen zu meiden, in denen es zum Nein kommen kann. Diese Einstellung ist für das Fortkommen im Verkauf sehr hinderlich. Das Nein gehört zum Job. Frustrationstoleranz ist eine Eigenschaft, die wir ständig trainieren müssen, wenn wir im Verkauf erfolgreich sein wollen. Wir können uns Hilfsmittel schaffen, damit die Zahl der „Nein“ möglichst gering bleibt. Die Telefonakquise als „rote Linie“ besiegen wir nur, wenn wir sie ständig überschreiten.

Empfehlung einholen

Das Verkaufsgespräch ist zu Ende. Der Kunde hat den Vertrag unterschrieben. Da ist noch etwas. Sie spüren genau, wie der Gedanke nach der Empfehlungsfrage in Ihnen hochkommt. Vielleicht haben Sie sofort Ausreden parat, wie zum Beispiel „Ich gebe auch keine Adressen weiter, wenn mich jemand danach fragt“ oder „Wenn ich jetzt den Kunden nach der Empfehlung frage, empfindet er mich bestimmt als aufdringlich“.

Das Unbehagen, das hinter diesen Ausreden steht, ist wiederum die Angst vor Ablehnung. Der Kunde könnte Ihnen keine Empfehlung geben. Na und? Nehmen Sie den Kunden doch ernst. Wenn er Ihnen keine Empfehlung geben will, wird er es Ihnen schon sagen. Wenn Sie ihn aber nicht fragen, bekommen Sie keinesfalls eine neue Adresse. Adressen sind jedoch gewissermaßen das Betriebskapital des Verkäufers. Wir tun uns beim Telefonieren viel leichter, wenn wir sagen können: „Ich rufe auf Empfehlung von Herrn X an, der war mit unseren Produkten sehr zufrieden und meinte, das wird Sie bestimmt auch interessieren ...“

Die Empfehlung ist eine zentrale „rote Linie“, auf die Verkäufer im Bereich von Dienstleistungen immer wieder stoßen. Unmittelbar beim Kunden entscheiden Sie sich, ob Sie diese „rote Linie“ überschreiten wollen oder nicht. Es liegt nicht am Satz, den Sie sagen wollen, den tragen Sie in sich. Es liegt an Ihrer Entscheidung, ob Sie die Frage stellen wollen und damit einen großen Schritt nach vorne auf dem Weg zum Profi im Verkauf machen.

Zusatzverkauf

Fast jeder Verkäufer hat mehr als nur ein Produkt im Repertoire. Doch nur wenige Verkäufer sprechen in einem Verkaufsgespräch mehrere Produkte an. Auch bei diesem Punkt stoßen wir oft an die „rote Linie“. Der Kunde soll uns nicht als „Keiler“ erleben, er hat ja schon etwas abgeschlossen. Tragisch ist es dann, wenn wir erleben, dass der Kunde genau dieses Zusatzprodukt bei einem anderen Anbieter kauft, weil er schon ein Kaufmotiv hat, das wir aber nicht an die Oberfläche geholt haben.

Zusatzverkauf verlangt wieder beides von uns: die richtige Einstellung und die richtige Technik. Sie müssen sich für alle Produkte bzw. Sparten, die Sie anbieten, einfache Einstiegsfragen zurechtlegen, die Sie jederzeit abrufen und dem Kunden stellen können.

Was glauben Sie, wie viele „heiße Apfeltaschen“ Mc Donald’s im Jahr mehr verkaufen kann, weil die Verkäufer am Schalter oder auch bei der Bestellung im Auto immer wieder fragen: „Möchten Sie eine heiße Apfeltasche dazu?“

Auch ein negatives Beispiel sei hier angeführt, das ich vor einigen Jahren in einem großen Sportgeschäft erlebt habe. Nach dem Kauf von neuen Skischuhen bemerkte ich einen großen Korb, in dem sich spezielle Socken für Ski- und Eisschuhe befanden. Darauf angesprochen, warum er diese Socken nicht mit angeboten habe, meinte der Verkäufer salopp: „Die Kunden kaufen das eh nicht!“ Da hat einer seine „rote Linie“ nicht überschritten ...

Bestimmte Zielgruppen ansprechen

Es gibt Menschen, die in uns Unbehagen auslösen, nur weil sie einer bestimmten Zielgruppe angehören, von der wir vermuten, dass sie sich in der Sache besonders gut auskennt bzw. besonders unangenehme Fragen stellt. Akademiker werden in diesem Zusammenhang oft erwähnt.

Vergessen Sie nie, dass Sie in Ihrem Beruf ein Spezialist sind. Verstecken Sie sich nicht, sondern treten Sie die „Flucht nach vorne“ an, indem Sie ein professionelles Verkaufsgespräch führen!

Zu wenig Fachwissen

Ich bin sicher, dass Sie genügend Fachwissen besitzen, um auf Standardfragen jederzeit Auskunft geben zu können. Wahrscheinlich haben Sie sogar zu viel Fachwissen und neigen dazu, dem Kunden Fragen zu beantworten, die er gar nicht stellt. Wir alle präsentieren ja so gerne. Wenn Sie eine Frage im Augenblick nicht beantworten können, wird jeder Kunde verstehen, dass Sie ihm die Antwort so rasch wie möglich nachreichen werden.

Zu viel Fachwissen ist im Verkaufsgespräch oft hinderlich. Wir hören bereits Kaufsignale und beginnen mit unserem Fachvortrag von Neuem, weil wir denken: „Es kann doch nicht sein, dass der Kunde jetzt schon kaufen will. Er kennt doch noch gar nicht alle Vorteile unseres Produktes."

Wenn man sich in Unternehmen die Grundausbildung von Verkäufern ansieht, dann liegt der Schwerpunkt auch heute noch auf der Vermittlung von Produktwissen. Die Persönlichkeit des Verkäufers (Einstellung) und die Fertigkeiten für den Verkauf (Verkaufstechnik) werden immer noch stiefmütterlich behandelt.

Bitte verstehen Sie mich nicht falsch. Natürlich gehört eine solide Produktausbildung zu den „Hausaufgaben des Vertriebs". Aber nochmals: Ich bin überzeugt davon, dass Sie in dieser Hinsicht umfassend ausgebildet werden. Streben Sie nicht danach, alles zu wissen, in der Hoffnung, Ihre Verkaufsergebnisse würden sich dadurch automatisch verbessern. Streben Sie auch danach, zusätzlich zu Ihrem Verkaufswissen an Ihrer Persönlichkeit zu arbeiten, dann ist Ihnen Ihr Erfolg sicher.

Preisargumentation

„Was darf es kosten?", ist eine Frage, mit der oft ein Verkaufsgespräch begonnen wird. In einer frühen Phase des Gesprächs eine völlig ungeeignete Frage. Wenn der Kunde vom Produkt überzeugt ist, wird er es kaufen.

Verwenden wir unsere Energie sinnvoller dafür, dem Kunden Fragen zu stellen, damit das Kaufmotiv in ihm richtig reifen kann. Helfen wir ihm, durch unsere Fragen klar zu sehen, was er will: Vielleicht will er gar kein Restplatzangebot, sondern eine Fernreise. Vielleicht legt er großen Wert auf die Qualität seines neuen Anzugs. Wenn erst einmal das Kaufmotiv für den Kunden klar ist, dann ist auch der Preis nicht mehr das Hauptthema. Der Kunde weiß, was das Produkt kostet. Entweder er will das Produkt und kann es sich leisten oder eben nicht.

Wenn der Kunde etwas kaufen will, dann hat er natürlich eine grobe Vorstellung, welches Bedürfnis er damit erfüllen will bzw. welchen Nutzen er daraus ziehen möchte. Nun gibt es aber eine Vielzahl von Produkten, die diesen Nutzen – mehr oder weniger – erfüllen können. Wenn wir gleich nach dem Preis fragen, haben wir uns und den Kunden von vornherein unnötig eingeschränkt. Mit den richtigen Fragen steht der Kunde aber plötzlich vor dem Produkt, das genau zu ihm passt. Es kostet zwar vielleicht um einiges mehr, als er ursprünglich ausgeben wollte, aber er ist sich sicher, das richtige Produkt gekauft zu haben.

Wenn der Kunde vom Nutzen des Produkts überzeugt ist, spielt der Preis nicht mehr die Hauptrolle. Der Preis bedeutet eher für uns als Verkäufer eine „rote Linie" als für den Kunden.

Schwerpunkte setzen und durchführen

Ein Kundenbestand muss sich entwickeln. Deshalb haben Sie sich sicher auch schon Aktionen überlegt, die eine bestimmte Zielgruppe mit wichtigen Informationen versorgen soll – egal, ob Bestandskunden oder potenzielle Neukunden.

Dabei stoßen wir mitunter auch an eine „rote Linie", weil wir uns mit einer solchen Aktion selbst fordern: zeitlich und inhaltlich. Natürlich macht es Sinn, eine Schwerpunktaktion zu planen, die Krux aber liegt beim konsequenten „Durchführen“ der Aktion.

Seminarteilnehmer berichten immer wieder von Werbebriefen, die an viele Kunden versendet worden sind, dann aber nur halbherzig nachbearbeitet wurden. Einen Werbebrief an einen Kunden zu schicken, ohne ihn im Anschluss nachzuarbeiten und einen Termin zu vereinbaren, ist verlorene Energie. Der Kunde wird Sie kaum anrufen. Überlegen Sie, was Sie selbst mit einer solchen Werbesendung tun: Wahrscheinlich werfen Sie diese weg.

Die „rote Linie“ mit dem Namen „durchführen“ überschreiten Sie am ehesten, wenn Sie Ihre Schwerpunktaktionen in kleinen, überschaubaren Paketen planen – nach Möglichkeit auch regional aufeinander abgestimmt.

Zu hohe Zielvorgaben

„Mich lähmen die Zielvorgaben, mit denen mich meine Vorgesetzten immer wieder konfrontieren. Finanzielle Zuwendungen werden immer weiter gekürzt, die Leistung soll aber dauernd steigen!“ So oder so ähnlich lauten vielfach die Klagen der Verkäufer.

Zielvorgaben werden von einzelnen Personen subjektiv erlebt. Was der Markt „hergibt“ oder nicht war hoffentlich die Grundlage derer, die die Planung erstellt haben. Wie auch immer: Ziele sind immer zu hoch. „Also fange ich am besten gar nicht an, wenn ich das Ziel eh nicht erreichen kann!“

Ich erinnere mich sehr gut an meine Zeit als Verkaufsleiter in einem großen österreichischen Unternehmen. Aufgrund der guten Marktentwicklung wurden die Ziele für die einzelnen Verkäufer im Schnitt um 30 Prozent gesteigert. Das hat ein Murren in der Verkäufermannschaft ausgelöst: „Die wollen immer mehr von uns!“, „Die haben keine Ahnung von der Praxis!“, „Die wollen uns nur ausbeuten!“

Wir griffen zu folgendem kleinen Trick: Wir schrieben für alle Verkäufer einen Wettbewerb aus, der demjenigen, der seine Ziele schon im September erreicht hat, fünf Prozent der Produktion als bares Wettbewerbsgeld zusicherte.

Wir erwarteten, dass das Murren der Verkäufer nun noch größer werden würde, weil wir die Dreistigkeit besaßen, den Zeitraum für die Produktionswertung von zwölf auf neun Monate zu reduzieren. Wie soll etwas in neun Monaten möglich sein, das in zwölf Monaten nicht erreichbar ist?

Die Reaktion der Verkäufer war aber eine völlig andere: Einige haben mich persönlich angerufen und darum gebeten, ihre Ziele nochmals zu erhöhen, damit die ausgeschüttete Wettbewerbssumme im Fall der Zielerreichung höher sei. Na bitte! Was wurden denn da plötzlich für Potenziale freigesetzt?

Nun kann man zu solchen Wettbewerben auch die Meinung haben, dass sie letztlich immer eine Bestechung des Mitarbeiters sind. Das Beispiel hat aber deutlich gezeigt, was möglich ist, wenn wir selbst davon überzeugt sind, dass es machbar ist.

Wenn Sie mehr produzieren wollen, geht es selten darum, mehr zu arbeiten. Im Gegenteil: Planen Sie die Pausen für Ihre Erholung genau ein. Es geht darum, aus dem Gespräch beim Kunden mehr herauszuholen, indem Sie die richtigen Fragen stellen und Kaufmotive wecken, indem Sie nach dem Abschluss eines Vertrags auf andere Sparten umsteigen, indem Sie die Empfehlung einholen usw. Was glauben Sie, welche Potenziale hier ungenutzt brachliegen? Schätzen Sie doch einmal selbst, ganz für sich, wie viel Prozent mehr Umsatz in Ihrem Job „drin" sind, wenn Sie Ihre Chancen wirklich nutzen!

Definieren Sie Ihr Ziel mehr qualitativ als quantitativ. Wenn es für Sie darum geht, Ihren Spaß am Job zu vertiefen, wenn Sie sich jeden Tag mehr entwickeln wollen, wenn Sie Ihre „roten Linien" bewusst überschreiten und Ihre Arbeitstechnik verfeinern, dann werden Sie doch die Vorgaben Ihrer Vorgesetzten locker erreichen, oder?

Kundeneinwände

Diese „rote Linie“ ist nur mit gezielter Technik zu bekämpfen. Es geht darum, die Einwände unserer Kunden zu kennen und uns in Ruhe die entsprechenden Argumente zu überlegen, mit denen wir die Kunden überzeugen werden.

Einwandbehandlung gehört zu jenen Fertigkeiten des Verkäufers, die er unbedingt „automatisieren“ sollte. Die richtige Antwort auf den Einwand des Kunden müssen wir im Schlaf beherrschen – so wie wir unseren Namen und unser Geburtsdatum in jeder Situation wissen.

Wenn der Kunde einen Einwand vorbringt und wir die Antwort darauf bereits wissen, können wir den Kunden ruhig und überzeugt anlächeln und seinen Einwand bearbeiten. Wenn der Kunde einen Einwand bringt, den wir nicht entkräften können, entsteht sofort eine schwierige Situation im Verkaufsgespräch. Der Kunde spürt, dass wir unsicher werden, und verliert das Vertrauen in unsere Beratung.

Wenn es aber gelingt, Kundeneinwände elegant zu „parieren“, wird der Kunde spüren, dass wir Verkaufsprofis sind, und er wird sich bei unserer Beratung wohlfühlen.

Nein sagen können

Gute Kundenberatung heißt nicht, dass wir zu allem „Ja und Amen“ sagen müssen. Im Gegenteil: Der Kunde schätzt es, wenn Sie ihm klar zeigen, wo die Grenzen Ihrer Möglichkeiten sind.

Verkäufer, die beim Kunden schnell Ja sagen, erarbeiten sich in der Kundenbeziehung oft nur einen scheinbaren Vorteil. In vielen Branchen gibt es eine „Hintergrundorganisation“, die „ausbaden“ muss, was der Verkäufer „draußen“ zugesagt hat. Wenn es sich dabei um Produktionsabläufe bzw. eine Preiskalkulation handelt, sind solche Versprechungen oft nicht einzulösen. Dann steht der Verkäufer, der bereits zugesagt hat, vor dem Kunden mit der nachträglichen Absage noch schlechter da.

Denken Sie daran: Sie haben Ihren Stolz und Ihren Preis. „Billigere" Mitbewerber wird es immer geben. Der Kunde wird Ihnen treu bleiben, wenn er den Wert Ihrer persönlichen Betreuung schätzt. Eine solche Beziehung verkraftet auch einmal ein klares Nein.

Schwierige Kunden

Jeder von uns kennt sie: die schwierigen Kunden, die „alles besser wissen", die uns nur „anjammern", für die „jeder Preis zu hoch ist", die die „Ware sicher umtauschen werden", die sich „nie entscheiden können", die sich „mehrere Konkurrenzangebote einholen", die uns „nur ärgern wollen".

Zum Ärgern gehören aber immer zwei: Einer, der Sie ärgern will, und Sie selbst, der sich ärgern lässt.

Wenn Sie mit der Einstellung ins Kundengespräch gehen, es wird wieder jene „ärgerliche Situation" eintreten, dann wird sie auch eintreten. In der Psychologie nennt man das „sich selbst erfüllende Prophezeiung". Was glauben Sie, warum am „Freitag, den 13." die Unfallkliniken immer stärker in Anspruch genommen werden als an gewöhnlichen Tagen? Nur, weil eine Menge Menschen mit der Angst im Hinterkopf – „Heute passiert noch was!" – durch die Gegend laufen.

Der Profi im Verkauf „behandelt" schwierige Kunden mit einer völlig neutralen Einstellung. Er nimmt den schwierigen Kunden ernst und überzeugt ihn durch professionelle Fragetechnik und Einwandbehandlung. Probieren Sie in der Praxis, wie schnell schwierige Kunden zu konstruktiven Gesprächen bereit sind, wenn sie ernst genommen werden. Es macht schließlich keinen Spaß, jemanden zu ärgern, der sich nicht ärgern lässt. Ein Lächeln, eine gute Frage, ein guter Vorschlag hat schon oft die

Spannung aus einer schwierigen Beziehung zwischen Kunde und Verkäufer genommen.

Angebotsvergleich

Sie haben einen Termin beim Kunden vereinbart. Bevor Sie zum Thema kommen können, zeigt Ihnen der Kunde das Angebot eines Mitbewerbers. Im Dienstleistungsbereich werden Sie mit dieser Tatsache sehr oft konfrontiert. Schnell steigt Ihr Blutdruck, vor allem dann, wenn es sich schon wieder um den Mitbewerber handelt, der viel billiger ist oder einen deutlichen Produktvorteil hat.

Wie gehen Sie damit am besten um? Der erste Schritt ist, ruhig zu bleiben und sich nicht darüber zu ärgern. Die Versuchung ist sehr groß, sich sofort auf das Produkt des Konkurrenzunternehmens einzulassen und womöglich zu versuchen, das andere Produkt schlecht zu machen.

In dieser Situation haben Sie nur eine Chance, wenn Sie Ihre Persönlichkeit in die Waagschale werfen. Wenn Sie zeigen, dass Sie der bessere Berater sind, jener Berater, der dem Kunden zuerst einmal Fragen stellt, bevor er über Produkte spricht:

„Herr Kunde, es spricht für Sie, dass Sie bereits ein Angebot eingeholt haben. Bevor wir darauf eingehen, möchte ich mir ein Bild davon machen, was für Sie dabei wichtig ist. Was erwarten Sie sich von ...?“

Mit dieser Methode haben Sie Konkurrenzangebote schnell „vom Tisch“, weil der Kunde den Unterschied in der Beratung spürt. Wenn Sie es schaffen, dass der Kunde durch Ihre geschickten Fragen spürt, wie dabei ein Produkt entsteht, das genau zu ihm passt, wird das Angebot des Mitbewerbers in vielen Fällen rasch kein Thema mehr sein.

Auch im Hoch konsequent agieren

Höhen und Tiefen kennzeichnen das Berufsleben jedes Verkäufers. Das Hoch ist aber in den meisten Fällen kein Produkt des Zufalls, sondern das Ergebnis konsequenter Arbeit.

Die Frequenz der Verkaufsgespräche stimmt, die Gespräche werden professionell geführt, die Kunden entwickeln ein Kaufmotiv und schließen ab. Schnell ist der Verkäufer „über dem Plan", und schon meldet sich wieder das „Teufelchen" und sagt: „Höchste Zeit sich auszuruhen!"

Die Terminvereinbarung wird nur mehr halbherzig betrieben, Prioritäten werden verschoben, und schon sieht sich der Verkäufer mitten in einer Arbeitswoche, in der kaum Termine vereinbart sind und somit auch kaum Geschäft gemacht wird.

Aus diesen „Tiefs" kommen wir nicht so leicht wieder heraus. Erstens schlägt sich der mäßige Erfolg auf unsere Verfassung und wir agieren nicht mehr so souverän, und zweitens benötigen wir für die Kundengespräche eine gewisse Vorlaufzeit bei der Akquisition von Terminen.

Verkäufer im Außendienst kennen dieses Problem sehr genau. Es geht nicht darum, immer mehr zu arbeiten. Es geht darum, Kundengespräche konsequent zu nutzen und systematisch an der Planung weiterer Verkaufschancen (das heißt an Terminen) zu arbeiten. Planen Sie dabei auch bewusst Ihre Freizeitaktivitäten mit ein. Sie fühlen sich für den Job weit mehr motiviert, wenn auch für Ihre Hobbys genug Zeit bleibt.

Verkäufer zeigen oft in Wettbewerbszeiträumen, was sie wirklich können. Kaum steht die Wettbewerbsreise an, steigt der Umsatz enorm. Das Potenzial dazu haben Sie aber immer, nicht nur in Zeiten von Wettbewerben.

Die „rote Linie" hier zu überschreiten heißt, sich selbst zum Erfolg zu bringen, indem Sie jede Woche Kernzeiten für Kundenkontakte einplanen – egal, ob Sie in der folgenden Woche schon genug zu tun haben oder nicht.

Besuchsvorbereitung

Wenn wir an die Besuchsvorbereitung denken, dann meinen wir damit meistens das Erstellen von geordneten Präsentationsunterlagen, vielleicht den Ausdruck von Angeboten für den Kunden oder die Beschäftigung mit Kundendaten aus der Kartei. Diese Zeit nehmen wir uns oft aber nicht, sondern gehen unvorbereitet zum Kunden. Der Kunde spürt das und ärgert sich, wenn wir unsere „Hausaufgaben" nicht gemacht haben.

Die beste Besuchsvorbereitung ist jene, bei der wir uns aufgrund dessen, was wir über den Kunden wissen, Fragen überlegen, die wir dem Kunden stellen werden. Wenn wir diese auch aufschreiben, ist die Wahrscheinlichkeit größer, dass die Fragen beim Kundentermin zur Sprache kommen. Gute Fragen sind die wichtigste und beste Voraussetzung für ein gutes Verkaufsgespräch.

Zeiteinteilung

Wenn ich Verkäufer in meinen Seminaren frage, was ihnen an ihrem Job besonders Spaß macht, dann ist „freie Zeiteinteilung" ein Punkt, der immer wieder genannt wird. Jeder Verkäufer hat Fixtermine mit seiner Führungskraft oder seiner Verkaufsgruppe bzw. für die Weiterbildung und sonstige betriebliche Aktivitäten. Dazwischen bleibt aber genügend freie Zeit, die sich der Verkäufer selbst einteilen kann.

Das gilt nicht nur für den Außendienst. Auch im Handel entscheiden Sie permanent selbst darüber, wie Sie Ihre Zeit verbringen. Ob Sie sich in der Abteilung eines Warenhauses mit dem Einsortieren von Ware beschäftigen oder Kunden ansprechen, wie Sie ihnen helfen können, entscheiden Sie letztlich selbst.

Freie Zeit ist eine Chance, aber zugleich ein Risiko, weil Menschen gerne den Weg des geringsten Widerstands gehen: „Das mache ich schon!" – morgen oder wann auch immer ...

Ein Seminarteilnehmer erzählte, dass er einmal das Bedürfnis hatte, einen Kunden anzurufen, weil er glaubte, dass dieser Kunde nicht optimal beraten war und ein weiteres Gespräch dringend notwendig gewesen wäre. Bevor er allerdings zum Telefonapparat griff, dachte er sich: „Den Kunden treffe ich doch nächste Woche beim Dorffest. Da werde ich ihn darauf ansprechen!" Beim Dorffest dachte er sich: „Am Montag habe ich einen Telefonblock geplant. Da werde ich ihn anrufen!" Sie sehen, wenn wir die wichtigen Dinge nicht gleich tun, tun wir sie nie.

Die freie Zeiteinteilung ist eine sehr große Herausforderung an die Selbstdisziplin des Verkäufers. Jeder weiß es, aber nur mancher ist wirklich konsequent genug, seinen Erfolg zu planen.

Diese „rote Linie" wird Sie durch Ihr ganzes Verkäuferleben hindurch begleiten. Sie werden immer wieder genügend Ausreden finden, warum eine Sache doch besser morgen erledigt wird. Die Zeiteinteilung in den Griff zu bekommen ist eine Herausforderung, der Sie sich auf dem Weg zum Profi im Verkauf in jedem Fall stellen müssen.

Weitere typische „rote Linien"

- dem Kunden mitteilen, dass eine Serviceleistung nicht wie vereinbart oder vom Kunden angenommen erbracht werden kann
- Schwellenangst
- einen für lange Zeit „unbetreuten" Kunden besuchen
- Angst, den Anforderungen nicht gerecht zu werden
- Selbstmotivation nach einem Urlaub
- Mut für Fragen
- persönliche Themen wie finanzielle Situation, Lebensplanung oder persönliche Erwartungen ansprechen

- Abschlussangst
- konsequentes Controlling
- Nachbearbeitung von „Direct-Mailing-Aktionen“ oder konkreten Angeboten
- eigene Überzeugung für bestimmte Produkte
- unvorbereitet auf mehrere Personen treffen
- Präsentationen vor Gruppen
- etwas Neues ausprobieren
- Hartnäckigkeit bis zum Abschluss
- Überwindung der eigenen Bequemlichkeit
- eigene Verhaltensweisen im Verkauf immer wieder in Frage stellen
- zu wenig Detailwissen
- an sich selbst glauben
- Terminfrequenz erhöhen
- Auseinandersetzung mit gegenteiligen Meinungen und negativen Argumenten
- Vorurteile im Kundengespräch abbauen
- rasche Bearbeitung von aufwändigen Anfragen
- Ansprechen von neuen Kunden
- Fehler eingestehen
- zu schnell zufrieden sein

Die „rote Linie“ ist unsere ständige Herausforderung, uns weiterzuentwickeln. Wenn wir es nicht tun, reagieren wir mit Ausreden. Dieser Mechanismus hilft uns, die Selbstachtung zu erhalten, er bringt uns aber auf unserem Weg zum Profi im Verkauf nicht weiter.

Im Folgenden finden Sie eine Liste von „typischen Ausreden", die in Verkaufsseminaren immer wieder genannt werden.

Typische Ausreden im Verkauf

- Die Konkurrenz hat bessere Produkte.
- Der Kunde hat schon alles.
- Der Kunde hat kein Geld.
- Der Kunde hat keine Zeit.
- Der Kunde will noch überlegen.
- Heute ist nicht mein Tag.
- Jetzt ist das „Sommerloch, Winterloch, Ganzjahresloch".
- Ich möchte nicht als „Keiler" wirken.
- Die Frau des Kunden hat das Gespräch „verdorben".
- Der Kunde war nicht zu Hause.
- Der Kunde hat den Termin vergessen.
- Ich bin permanent auf Seminaren.
- Ich habe zu wenig Fachwissen.
- Ich habe zu viele Verwaltungsaufgaben zu erledigen.
- Der Kunde kann sich das nicht leisten.
- Der Kunde mag mich nicht.
- Ich habe alles versucht.
- Ich wurde aufgehalten.
- Dafür bin ich eigentlich gar nicht zuständig.

- Der Kunde kauft lieber woanders.
- Der Kunde hat schon gekauft.
- Der Kunde passt nicht zu unseren Produkten.
- Ich habe keine Zeit.
- Mach' ich später.
- Das spreche ich beim nächsten Kundenbesuch an.
- Bei dem schönen Wetter ist niemand zu Hause.
- Meine Führungskraft hat mich zu wenig unterstützt.
- Die Situation beim Kunden war ungünstig.
- Darauf habe ich den Kunden schon einmal angesprochen.
- Der Kunde wollte sich nur informieren.
- Der Kunde wollte sich in Ruhe umsehen.
- Ich wollte den Kunden nicht überfordern.
- Bei uns gibt es keine guten Unterlagen für die Produktpräsentation.
- Der Kunde hat einen Bekannten bei einem Mitbewerber.
- In meinem Privatleben möchte ich vom Beruf nichts wissen.
- Der Kunde sagt schon, wenn er etwas will.
- Ich würde die Namen meiner Bekannten auch nicht nennen.

5. Der erfolgreiche Umgang mit der „roten Linie"

Haben Sie die „roten Linien" in den Ausreden entdeckt? Kommen sie Ihnen bekannt vor? Vielleicht auch ein paar der genannten Ausreden? Vielleicht kennen Sie aus Ihrer Erfahrung weitere Ausreden und „rote Linien"? Sie wissen, was das für Sie bedeutet: Sie entscheiden sich jetzt und hier, ob Sie sich entwickeln wollen oder ob alles so bleiben soll, wie es ist. Nochmals zur Klarstellung: Ich bin sicher, dass Sie jetzt auch schon gut im Verkauf sind. Das ist aber nicht die zentrale Frage. Die zentrale Frage lautet, ob Sie bereit sind, sich weiterzuentwickeln. Sie müssen diese Frage jetzt beantworten:

„Ja" heißt: Ich weiß, dass „rote Linien" in mir schlummern. Ich weiß auch, dass das Überschreiten derselben Angst oder zumindest Unbehagen auslöst. Ich weiß auch, dass mir diese Entscheidung niemand abnehmen kann.

„Nein" heißt: Ich werde dieses Buch wohl nicht zu Ende durcharbeiten, weil ich nicht überzeugt bin, dass es mir etwas Brauchbares bringen wird.

Wenn Sie sich für das Ja entschieden haben, sieht das weitere Vorgehen nun folgendermaßen aus:

1. Legen Sie eine Liste an, auf der Sie Ihre persönlichen „roten Linien" notieren.
2. Markieren Sie eine „rote Linie", die Sie sofort angehen wollen.
3. Versuchen Sie schon beim nächsten Kunden, diese „rote Linie" zu überschreiten.
4. Machen Sie anschließend schriftliche Aufzeichnungen (Stichworte), wie es Ihnen dabei ergangen ist.
5. Tun Sie das mindestens zwei Arbeitswochen lang.
6. Bravo, aus einer roten Linie ist eine Fertigkeit geworden, die Ihre verkäuferischen Fähigkeiten entscheidend verbessert hat!
7. Genießen Sie Ihren Erfolg.
8. Nehmen Sie sich eine weitere „rote Linie" aus Ihrer Liste vor und verfahren Sie damit ebenso.

•

Der Weg zum Profi im Verkauf ist mit „roten Linien“ gepflastert. Jede von ihnen, die wir bewusst überschritten haben, bringt uns einen großen Schritt nach vorne. Der Lohn dafür ist, dass uns der Job immer mehr Spaß macht, weil wir immer mehr können! Das Ergebnis sind zufriedene Kunden, zufriedene Vorgesetzte und – natürlich das Wichtigste – ein Verkäufer, der stolz auf sich ist, weil er sich jeden Tag weiterentwickelt!

Das professionelle Verkaufsgespräch

1. Mit der richtigen Arbeitstechnik zum Profi im Verkauf

In kaum einem Beruf wird die Arbeitstechnik so wenig ernst genommen wie im Beruf des Verkäufers.

Überlegen wir uns, was passiert, wenn der Pilot nicht streng nach Vorschrift seinen Landeanflug gestaltet. Er wird damit wahrscheinlich Verwirrung und schlimmstenfalls einen Absturz auslösen. Jeder Bäcker hält sich streng an sein Rezept, wenn er seine Brötchen bäckt. Und natürlich macht auch der Elektriker alles genau nach Vorschrift.

Ich erinnere mich an ein Pilotseminar für ein großes österreichisches Dienstleistungsunternehmen. Aus drei Bundesländern wurden Teilnehmer für diese Pilotgruppe ausgewählt. Am Ende des Seminars gab es sehr gute Rückmeldungen. Ein Verantwortlicher der Bildungsabteilung moderierte den Feedback-Prozess.

Als die Teilnehmer sagten, sie hätten vor allem von der Arbeitstechnik, wie zum Beispiel Einwandbehandlung, sehr profitiert, wurde der Bildungsverantwortliche ziemlich zornig: „Meine Herren, das haben wir doch in der Grundausbildung genauestens gelernt!“ Natürlich haben das die Verkäufer in der Grundausbildung gelernt. Aber haben sie die Technik auch „automatisiert“?

Heutzutage wird in Verkaufsausbildungen immer noch zu großer Wert auf Fachwissen gelegt. Die Arbeitstechnik wird auch „durchgenommen“, aber die Verkäufer unterschätzen den zentralen Stellenwert, den die *Automatisierung der Arbeitstechnik* hat. Der Verkäufer, der zum Beispiel die Einwände seiner Kunden kennt und die Antworten dazu wirklich griffbereit hat, wird im Verkaufsgespräch überzeugen. Der Kunde bringt einen Einwand, und der Verkäufer „freut“ sich bereits, weil er den Einwand kennt und vor allem die Antwort darauf weiß. Er wird mit einem strahlenden Lächeln dem Kunden in die Augen sehen und den Einwand in einen Vorteil umwandeln. Ähnlich verhält es sich mit der Fragetechnik, der Abschlusstechnik usw.

Wenn Sie sich nun fragen, was für den erfolgreichen Verkauf wichtiger ist – die Einstellung zum Job oder die Arbeitstechnik –, dann kann ich nur sagen: Das eine ist ohne das andere undenkbar. Wenn wir die richtige Technik anwenden, stellen sich Erfolge ein, und der Spaß am Job und somit die richtige Einstellung wachsen automatisch.

Wenn wir mit Spaß und der richtigen Einstellung unserem Job nachgehen, dann wird es uns leichter fallen, die Arbeitstechnik gezielt einzusetzen, weil wir überzeugt sind, dass auch im Verkauf nichts „von selbst“ geht. Wer die Arbeitstechnik immer wieder übt, wird spüren, wir sehr sie ihm hilft, „rote Linien“ zu überschreiten.

2. Vom Produktzusteller zum Fragensteller

Vor langer Zeit sind wir alle als Fragensteller auf die Welt gekommen. Im Alter zwischen drei und sechs Jahren haben wir unsere Eltern „Löcher in den Bauch“ gefragt: Warum ist heute schönes Wetter? Warum regnet es? Wieso kann das Christkind so viel tragen?

Wenn Sie selbst kleine Kinder haben oder zumindest welche gut kennen, dann wissen Sie, wovon ich spreche. Kinder fragen so lange, bis sie glauben, es ganz genau zu wissen, oder bis sie keine Antwort mehr bekommen, weil die Erwachsenen genervt aufgeben.

Als Fragensteller sind wir also auf die Welt gekommen. Die Produktkenntnis mussten wir uns erst langsam aneignen. Wir haben aber sehr schnell lernen müssen, dass es auf dieser Welt nicht um Fragen, sondern um Produkte geht. „Kind, frag' nicht so viel!“, „Du fragst mir ein Loch in den Bauch!“ So oder ähnlich klingen die „Tonbänder“ in unseren Ohren, wenn wir uns an unsere Kindheit erinnern und die Eltern sprechen hören.

In der Schule geht es schon los. Wir bekommen gute Noten, wenn wir das Diktat möglichst fehlerfrei abgeliefert, die Rechenaufgabe gelöst oder den Lückentext richtig ergänzt haben. Schularbeiten, Referate, Hausaufgaben kennzeichnen unseren weiteren Weg als Schüler. Im Berufsleben geht es dann um „Projektaufgaben“ bzw. „Werkstücke“, die beurteilt werden.

Für eine gute Frage haben wir aber selten eine gute Note bekommen. Wie oft haben wir uns nicht zu fragen getraut, weil wir den Inhalt anscheinend als einziger nicht verstanden hatten. Das stimmt natürlich nicht, die anderen haben sich nur ebenso nicht getraut zu fragen.

Durch diese Erlebnisse wird fatalerweise der „Fragensteller“ in uns kaputt gemacht und durch den „Produktpräsentator“ ersetzt.

Wir wollen dem Kunden etwas präsentieren. Wir wollen ihm zeigen, was wir „können“. Wir stellen uns viel zu selten die Frage, ob das, was wir präsentieren wollen, auch zu unserem Kunden passt. Drehen wir das Ganze also einmal um: Wir präsentieren nicht, sondern wir stellen Fragen.

Als ich 1997 meine Firma gegründet habe, ließ ich von einer Marketing-Agentur eine kleine, aber feine Hochglanzbroschüre machen. Im nächsten Schritt vereinbarte ich dann Termine zur Präsentation meiner Firma in größeren Unternehmungen – und es ging los.

Die Präsentation verlief meist so, dass der Kunde fragte, was ich denn „Schönes“ mitgebracht hätte. Wie auf Kommando begann ich sofort brav zu präsentieren: „Herr Kunde, sehen Sie einmal her ..."

Nach wenigen Minuten schon verloren die Kunden das Interesse an der Präsentation. Die Kunden fragten sich, wie das, was präsentiert wurde, zu ihnen passt. Und je mehr ich erzählte, desto mehr zogen sich die Kunden zurück.

Den Kunden interessiert das, was für ihn maßgeschneidert ist, das, was genau seine Probleme löst und nicht die des anderen Kunden vom Vormittag. Die Konsequenz aus dieser Erfahrung war, dass ich die Firmenbroschüre „einstampfte" und zu Kundenbesuchen mittlerweile keine Unterlagen mehr mitnehme, sondern nur noch Fragen stelle, wie zum Beispiel:

- Was war der Grund, mich einzuladen?
- Was erwarten Sie sich von einem guten Verkaufsseminar?
- Wie würden Sie die Stärken und Schwächen Ihrer Verkäufer beschreiben?
- Welche Themen/Schritte soll ein Verkaufsseminar auf jeden Fall beinhalten?
- Woran messen Sie, ob ein Verkaufsseminar für Ihr Unternehmen erfolgreich verlaufen ist?
- usw.

Fast alle offen Fragen beginnen mit einem „W". Wenn Sie einen Satz im Verkaufsgespräch mit einem „W" beginnen, dann sind Sie auf dem richtigen Weg.

Wenn Sie offene Fragen stellen, entsteht beim Kunden langsam ein Kaufmotiv. Sie fragen, der Kunde antwortet. Sie fragen wieder, der Kunde antwortet erneut. Durch seine eigenen Antworten spürt der Kunde mehr und mehr, dass da irgendetwas entsteht, das genau zu ihm passt, weil *er* darüber spricht.

Von zentraler Bedeutung dabei ist aber auch, dass wir es schaffen, nach den Fragen eine Pause zu machen.

Die beste Frage verliert ihre Wirkung, wenn wir die Pause danach nicht einhalten.

Dazu ein Beispiel aus meinen Erlebnissen als Kunde: Eines Tages ging ich in einen großen Elektronikfachmarkt, um endlich eine neue Digitalkamera zu kaufen. Zielsicher schritt ich auf die entsprechende Abteilung „Digitalkamera“ zu und sah schon von weitem, welch riesige Auswahl an Geräten angeboten wurde.

Ein junger Verkäufer kam auf mich zu und sagte: „Kann ich Ihnen helfen?“ Ich erwiderte: „Ja, ich suche eine Digitalkamera.“ Einem guten Verkaufsgespräch stand damit also nichts mehr im Weg.

Was glauben Sie, war die nächste Frage des Verkäufers? Es war eine gute Frage! Trotz des Zusatzes „es war eine gute Frage“ höre ich von den Teilnehmern, denen ich diese Geschichte präsentiere, oft folgenden Vorschlag für die nächste Frage: „Was darf sie kosten?“

Diese Frage ist zu diesem Zeitpunkt völlig falsch. Der Vorschlag zeigt aber, wie tief in uns drinnen die Frage nach dem Preis sitzt.

Nehmen wir an, der Kunde beantwortet die Frage und nennt einen Betrag. Sofort verlagert sich das Gespräch in einen Teil der Abteilung, in dem jene Fotoapparte stehen, die der Preisvorstellung des Kunden entsprechen. Möglicherweise passen die Produkte dieser Preislage aber gar nicht zum Kunden. Es weiß es aber nicht, weil ihm die notwendigen Fragen noch nicht gestellt worden sind.

Nehmen wir an, der Kunde kauft jetzt eine Digitalkamera der gewünschten Preiskategorie und bemerkt erst zu Hause, dass dieses Gerät eigentlich gar nicht zu ihm passt. Das hätte verhindert werden können, wenn der Verkäufer ihm die richtigen Fragen gestellt hätte. Im beschriebenen Fall ist dieses Gespräch übrigens ganz hervorragend geführt worden.

Die Frage des Verkäufers war:

Was erwarten Sie von einer guten Digitalkamera?

Die Qualität dieser Frage sollten wir uns ruhig einmal auf der Zunge zergehen lassen. Noch dazu, da der Verkäufer es geschafft hat, nach der Frage eine Pause einzulegen und zu warten, bis der Kunde ihm antwortete. Das weitere Verkaufsgespräch verlief sinngemäß etwa so:

Verkäufer: Was erwarten Sie von einer guten Digitalkamera?

Kunde: Sie soll möglichst einfach zu bedienen sein.

Verkäufer: Was ist Ihnen noch wichtig?

Kunde: Stabil gebaut und leicht soll sie sein. Und ein großer Speicher für die Aufnahmen ist mir auch wichtig.

Verkäufer: Worauf legen Sie noch Wert?

Kunde: Da fällt mir jetzt nichts mehr ein. Können Sie mir ein paar Geräte zeigen?

Verkäufer: Ja, sofort. Ein paar Fragen habe ich aber noch an Sie. Wie wichtig ist für Sie ein möglichst großer Zoombereich?

Kunde: Sehr wichtig.

Verkäufer: Was erwarten Sie von der mitgelieferten Software zum Betrachten der Bilder am PC?

Kunde: Ja, Sie haben Recht. Auch ein gut ausgestattetes Programm zum Bearbeiten der Bilder, das trotzdem einfach zu bedienen ist, wäre für mich angenehm.

Verkäufer: Kommt es vor, dass Sie von Ihren Fotos Poster anfertigen lassen?

Kunde: Ja, immer wieder. Ach, Sie denken an die Pixelanzahl.

Verkäufer: Wie wichtig ist Ihnen ein großes, farbiges Display?

Kunde: Ja, auch sehr wichtig.

Ein paar Vertiefungsfragen wurden noch gestellt. Dann führte mich der Verkäufer in einen Teil der Abteilung, in dem genau die Digitalkameras standen, die zu mir passten. Denn sie hatten genau die Ausstattung, die für mich wichtig war. Das Ganze war – wie immer – keine Preisfrage.

Wenn Sie einmal in fünf Jahren eine Digitalkamera kaufen, dann haben Sie natürlich eine grobe Preisvorstellung. Jetzt werden Ihnen Fragen gestellt, und Sie spüren, wie wichtig Ihnen dieser oder jener Aspekt ist. In wenigen Minuten haben Sie deutlich mehr Geld ausgegeben, als Sie eigentlich wollten, weil Sie eine Digitalkamera gefunden haben, die genau zu Ihnen passt. Mit dieser Digicam werden Sie die nächsten Jahre große Freude haben.

Flexibilität im Verkauf setzt natürlich auch voraus, dass Ihre Produkte flexibel sind. Wenn ich nur ein bestimmtes Produkt habe, dann muss ich den Kunden so lange „bearbeiten", bis er mein Produkt kaufen möchte.

In solchen Situationen wird auf den Kunden durch die Anwendung von so genannten „Ja-Straßen" Druck ausgeübt. Der Kunde unterschreibt zwar, kommt aber bald zum Schluss, dass das Produkt nicht zu ihm passt. Und dann erfolgt das Storno. Das war das Dilemma von manchen Strukturvertrieben. Sie haben ein Produkt unter massivem Druck verkauft – und dann eine Stornoquote von bis zu 30 Prozent eingefahren. Mittlerweile hat sich aber auch bei diesem Vertriebsweg die Entwicklung vom Produktzusteller zum Fragensteller durchgesetzt.

Der große Unterschied zwischen Produktzusteller und Fragensteller: Nach dem Gespräch mit einem Produktzusteller fragen Sie sich: Was hat das mit mir zu tun? Nach dem Gespräch mit einem Fragensteller fühlen Sie sich persönlich angesprochen und ernst genommen, das erworbene Produkt stellt Sie und Ihre Bedürfnisse zufrieden.

3. Das Kaufmotiv des Kunden

Das Kaufmotiv ist das zentrale Element beim Verkaufsprozess. Motivieren heißt in der ursprünglichen Bedeutung des Wortes „bewegen". Der Kunde soll so „bewegt" werden, dass er überzeugt ist, etwas zu bekommen, das genau zu ihm passt.

Wenn wir Produkte präsentieren, versuchen wir den Kunden zu bewegen, das zu wollen, was wir ihm gerade anbieten. Damit treffen wir aber selten den Punkt, der den Kunden wirklich bewegt. Wenn das einzige Werkzeug, das uns zur Verfügung steht, ein Hammer ist, dann stellt sich jedes Problem für uns als Nagel dar, der niedergeschlagen werden muss.

Der „Ja-Rhythmus"

Produktverkäufer lernen in ihrer Ausbildung, einen so genannten „Ja-Rhythmus" zu erzeugen: Sie bereiten den Kunden auf den Abschluss vor, indem er einige Male „Ja!" sagen muss, bis er selbst glaubt, das Produkt zu brauchen.

Strukturvertriebe im Bereich Finanzdienstleistung haben lange Zeit so gearbeitet. Meist hatte der Verkäufer nur ein Produkt im Gepäck, und der Kunde sollte über den „Ja-Rhythmus" dazu bewegt werden zu glauben, genau dieses Produkt zu brauchen. Die Folge war ein hoher Prozentsatz an Stornos, weil der Kauf bereut wurde, sobald der Berater den Kunden verlassen hatte. Dieser Umstand wurde in der Verkaufsstrategie von Strukturvertrieben aber von vornherein einkalkuliert. Trotz hoher

Stornoquote blieb immer noch genug Geschäft übrig, um davon gut leben zu können.

Der Kunde wird in diesem Fall aber nicht „überzeugt“, sondern „überredet“. Um das zu erreichen, treten Verkäufer von Strukturvertrieben nicht selten zu zweit auf.

Finanzdienstleistung ist jedoch ein Thema, das fast jeden Bürger interessiert. Es wäre also gar nicht notwendig, mit diesen harten Methoden zu arbeiten. Eine gründliche Motivforschung führt in vielen Fällen genauso zum Abschluss – und zwar ohne den unangenehmen Beigeschmack des „Überredens“ und die Gefahr von Stornierungen.

In einem Verkaufsseminar mit Versicherungsberatern berichteten die Teilnehmer, dass sie sich auf jedes Kundengespräch vorbereiten, indem sie dem Kunden Angebote für eine private Altersvorsorge ausdrucken. Es sind drei an der Zahl: ein „kleines“, ein „mittleres“ und ein „größeres“. Diese Angebote werden dem Kunden unter dem Motto „Du musst etwas für deine Altersvorsorge tun“ präsentiert. Wenn der Kunde dem Abschluss zustimmt, entscheidet er sich meist für das „mittlere“ Angebot. Der Kunde hat dann das Gefühl, für seine Altersvorsorge genau das Richtige getan zu haben. Wenn man die Lebenssituation des Kunden hingegen genauer analysiert, zeigt sich jedoch oft, dass die gewählte Vertragshöhe überhaupt nicht zur Lebenssituation des Kunden passt. Vielleicht braucht er mehr, um seine Wünsche zu erfüllen, vielleicht aber auch viel weniger, weil er anderswo schon vorgesorgt hat bzw. seine Lebensplanung in eine völlig andere Richtung geht. Das können wir aber nur feststellen, wenn wir den Kunden dazu befragen. Er soll uns sagen, was er in seinem späteren Leben alles vorhat und wie viel Geld er dazu voraussichtlich benötigt. Wie das geht, werden wir uns später noch in einem Beispiel ansehen, das sich mit der privaten Altersvorsorge beschäftigt.

Fertige Produkte passen nie wirklich zu den Motiven des Kunden. Stellen wir uns vor, Sie wollen sich eine Skiausrüstung kaufen. Sie gehen in die entsprechende Abteilung eines Sportgeschäfts. Der Verkäufer sieht Sie kommen und sagt zu seinem Kollegen: „Sieh mal, da kommt ein Paar Ski der Marke X mit einer Bindung der Marke Y!“

Noch grotesker wird die Situation, wenn Sie an den Besuch in einem Restaurant denken. Sie haben Platz genommen, und der Kellner bringt Ihnen eine geröstete Leber – mit Rotkraut und Kartoffelpuffern. Vermutlich werden Sie sich gegen diese „Behandlung“ wehren, selbst wenn Sie zu den wenigen Menschen gehören, die das beschriebene Menü gerne essen. Vielleicht gelingt es dem Kellner ja auch, Sie durch den „Ja-Rhythmus“ zum Essen zu bewegen. Ihr Kaufmotiv hat er aber in den meisten Fällen nicht getroffen.

Diese Beispiele klingen grotesk. Aber genau dasselbe passiert, wenn wir Kunden unsere Produkte präsentieren, bevor wir ihre Motive umfassend kennen – egal, ob es sich dabei um einen Fernseher, eine Markise, einen Computer oder einen Anzug handelt.

Das Entstehen eines „Beweggrundes“ ist größtenteils ein unbewusster Prozess. Die Befriedigung von Grundbedürfnissen ist leichter nachvollziehbar. Wenn wir Hunger haben, werden wir uns etwas zu essen besorgen. Wenn uns kalt ist, holen wir uns eine Jacke zum Anziehen.

Bedürfnisse, am Konsum teilzuhaben bzw. sich selbst zu verwirklichen, sind erst dann ein Thema, wenn die Grundbedürfnisse des Lebens abgedeckt sind.

Bei der Entwicklung von Bedürfnissen ist in unserer westlichen Welt die Werbung ein entscheidender Steuerfaktor. Wenn Sie einen Reiz über die Medien für längere Zeit auf die Verbraucher „loslassen“, zeigt er irgendwann seine Wirkung.

Sehr deutlich ist diese Situation bei Kindern zu beobachten. Wenn Ihr Kind ein bestimmtes neues Spielzeug ganz dringend haben muss, dann können Sie sicher sein, dass zu diesem Spielzeug gerade eine umfassende Werbeserie im Kinderprogramm des Fernsehens läuft, die Ihr Kind bzw. seine Spielkameraden gesehen haben.

Kaufmotive sind meist unbewusst vorhanden, sie müssen vom Verkäufer durch Fragen ans Licht geholt werden. Das lässt sich durchaus mit den Motiven vergleichen, die bei der Liebe zugrunde liegen. Bewusst können Sie kaum sagen, warum Sie gerade diesen Partner „gefunden" haben. Würde man zu diesem Thema eine Motivforschung mit Ihnen betreiben, käme man der Sache auf die Spur. Vielleicht hat Ihr Partner etwas, das Sie an Ihrer Mutter besonders geschätzt haben, oder Sie trauen ihm zu, besonders gut für die Familie zu sorgen, oder Sie können sich vorstellen, mit ihm auch im Alter noch sehr viel Spaß zu haben. Vielleicht trifft aber auch ein ganz anderes Motiv auf Ihre Partnerschaft zu. Wie immer das Motiv aussieht, es sitzt tief in Ihnen und ist zumeist nicht bewusst.

Aus diesem Grund kann man sich auch nicht „bewusst verlieben". Jeder von uns kennt aber den Zustand der Verliebtheit, wenn er eingetreten ist: Sie schweben geistig auf Wolken und genießen ein körperliches Glücksgefühl.

Dieses Glücksgefühl ist ein deutliches Zeichen dafür, dass Sie soeben „bewegt werden", dass Sie ein Kaufmotiv spüren. Viele Menschen sagen, dass sie ihre Verliebtheit „im Bauch spüren" und ein angenehmes Kribbeln oder etwas Ähnliches empfinden.

Das Kaufmotiv zu spüren heißt, sich sicher zu sein, dass das angebotene Produkt genau zu einem passt. Dann gibt es auch nachträglich keine Reue über den Kauf und auch keine Stornos. Der Kunde muss sich den Kauf „einbilden", hat ein Seminarteilnehmer diesen Sachverhalt einmal treffend formuliert auf den Punkt gebracht.

Bei unsichtbaren Produkten spielt die Arbeit mit Bildern im Verkaufsgespräch eine große Rolle. Der Kunde muss so lange gefragt werden, bis ein Bild in ihm entsteht, das sich mit dem Nutzen des Produktes deckt. Bei sichtbaren Produkten verhält es sich ganz ähnlich. Fragen Sie zuerst und präsentieren Sie nachher! Damit können Sie Ihre Produkte bereits vorselektieren. Bei den Produkten, die Sie dem Kunden dann wirklich vorstellen, gehen Sie gezielt auf den Nutzen ein, den der Kunde mit diesem Produkt haben möchte.

Sehen wir uns im folgenden Beispiel „Beweggründe" an, eine bestimmte Sache zu kaufen bzw. eine Dienstleistung genau in dieser Art oder genau an diesem Ort in Anspruch zu nehmen. Überlegen Sie auch selbst, warum ausgerechnet dieser Friseur für Sie der richtige ist, Sie sich vor allem in diesem Café aufhalten oder Sie sich für eine bestimmte Ski-Marke entschieden haben – schlüpfen Sie in die Rolle des Kunden und leiten Sie aus dieser Sicht die „richtigen" Fragen ab, die Sie als Verkäufer stellen müssen, um folgende Antworten zu erhalten:

- **Alpin-Ski**
  - die Marke der Sieger fahren
  - mit hohem Fahrkomfort eigene Schwächen überdecken
  - gutes Preis-Leistungs-Verhältnis
  - kostenloser Service
  - Rücknahme der gebrauchten Skier

- **Auto**
  - Komfort
  - niedrige Servicekosten
  - hoher Wiederverkaufswert
  - gut ausgebautes Servicenetz
  - zu einer bestimmten Bevölkerungsschicht gehören

- **Bank**
  - am Schalter nicht lange warten
  - einfaches und kostengünstiges Telebanking
  - gute Konditionen fürs Girokonto
  - persönliche Begrüßung
  - Information, wenn sich Konditionen verbessern

- **Buchhandlung**
  - freundliches Erscheinungsbild
  - Ansprechpartner, wenn man Hilfe braucht
  - klare Gliederung der Bücher nach Themenbereichen
  - zentral gelegen
  - Stammkundenvorteile

- **Café**
  - Stammplatz
  - persönliche Begrüßung
  - Zeitung
  - rasche Bedienung
  - gute Klientel

- **Computer**
  - großer Bildschirm für Spiele
  - Vor-Ort-Service
  - integrierte Anwenderprogramme
  - Marke
  - Geschwindigkeit

- **Fluglinie**
  - Sauberkeit
  - gute Qualität von Speisen und Getränken
  - großer Sitzabstand
  - freundliches Personal
  - Pünktlichkeit

- **Friseur**
  - Termine werden eingehalten
  - persönliche Betreuung
  - gute Beratung
  - ständige Weiterbildung der Friseurin
  - Preis-Leistungs-Verhältnis

- **Handelsvertreter**
  - sympathisches Auftreten
  - Termintreue
  - einwandfreie Qualität der Ware
  - Lösungen für besondere Situationen
  - nachvollziehbare Preispolitik

- **Herrenausstatter**
  - persönliche Begrüßung
  - Stammkundenvorteile
  - zeigen, dass man sich eine bestimmte Marke leisten kann
  - besondere Anzugfarben, die zu Lieblingskrawatten passen
  - nur strapazierfähige Materialien

- **Home-Trainer**
  - leises Fahrgeräusch
  - bestimmte Funktionen der Digitalanzeige
  - sportliches Design
  - Wartungsfreiheit
  - lange Lebensdauer

- **Hotel**
  - persönliche Begrüßung
  - gute Parkmöglichkeit
  - ruhiges Zimmer mit ausreichender Abdunkelung
  - sofortiges Check-in
  - Sauberkeit

- **Immobilienmakler**
  - hat einen guten Ruf
  - informiert ständig
  - geht auf Bedürfnisse des Kunden ein
  - ist bei der Provision flexibel
  - spricht über Vor- und Nachteile von Objekten

- **Küche**
  – endlich die „Traumküche“ ohne Abstriche haben
  – Höhe der Arbeitsplatte auf die Person zugeschnitten
  – kurze Lieferzeit
  – Hilfe bei Anschluss der Elektrogeräte
  – kreative Lösungen

- **Messestand**
  – zentrale Lage
  – Anschlüsse für technische Hilfsmittel
  – Stauraum für Unterlagen
  – in der Nähe keine direkte Konkurrenz
  – Preis-Leistungs-Verhältnis

- **Skateboard**
  – eine bestimmte Marke fahren
  – zu einer Gruppe dazugehören
  – halten eine besondere Beanspruchung aus
  – Wartungsfreiheit
  – „coole“ Farbe

- **Staubsauger**
  – leicht verstaubar
  – ausreichende Leistung
  – hygienische Reinigung
  – Ersatzteile in der Nähe zu kaufen
  – Marke

- **Steuerberater**
  – Tipps und Tricks zum Sparen
  – Termintreue
  – hält persönlichen Kontakt
  – ist fachlich auf dem aktuellen Stand
  – sympathisch

- **Urlaub**
  - wettersicherer Ort
  - Animationsprogramm
  - renommierte Fluggesellschaft
  - Strandnähe
  - schöne Poollandschaft

- **Wohnung**
  - zentral und doch im Grünen
  - uneinsehbarer Balkon
  - Platz für Gäste
  - umweltgerechte Bauweise
  - nette Nachbarn

- **Zeitung**
  - zu einer bestimmten Bevölkerungsschicht gehören
  - ausführlicher Magazinteil am Wochenende
  - handliches Format
  - Zustellung bis zur Wohnungstür
  - hohe Aktualität durch späten Redaktionsschluss

Das Kaufmotiv ist in uns. Es regiert uns meist unbewusst und veranlasst uns, bestimmte Dinge zu tun oder nicht zu tun.

Als Verkäufer ist es Ihre spannende Herausforderung, die Kaufmotive von Kunden herauszufinden und entsprechende Handlungen zu setzen bzw. entsprechende Produkte und Dienstleistungen anzubieten.

Der langfristig zufriedene Kunde ist der, dessen Kaufmotive Sie ständig erforschen und befriedigen. Auch wenn das ein Prozess ist, den der Kunde zwar erlebt, aber oft bewusst nicht wahrnimmt. Wer an den Kaufmotiven vorbeihandelt, braucht sich nicht zu wundern, wenn er Kunden verliert. Die Motivforschung ist für den Verkäufer der Höhepunkt jedes Verkaufsgesprächs.

4. Die Techniken des Motivforschers

Wir wissen also: Kein Mensch kauft ohne Kaufmotiv. Warum soll ich mir etwas kaufen, wenn ich nicht das Gefühl habe, dass ich es benötige? Motive zu erforschen, heißt Kunden zu interviewen. Interviewen bedeutet, dass wir dem Kunden eine offene Frage stellen, eine Pause machen und warten, was dann passiert.

Pause! Haben Sie dieses Wort wirklich gut gelesen? Überlegen Sie bitte, wie schwer es uns oft fällt, Pausen zu machen. „Was erwarten Sie von einer guten Digitalkamera?“ Diese Frage wird erst im Zusammenhang mit der anschließenden Pause wirklich gut. Das heißt aber, dass wir den Mut zur Pause aufbringen müssen. Wir müssen ein paar Sekunden aushalten, in denen nichts passiert. Das fällt den meisten Menschen in der heutigen Stressgesellschaft schwer. Es passiert nichts. Keiner spricht. Was denkt der Kunde jetzt über mich? Denkt er vielleicht, ich bin nicht kompetent, weil ich nichts zu sagen habe?

Keine Angst, der Kunde denkt nur nach! Wenn wir jetzt etwas sagen, stören wir vielmehr seinen Denkprozess. Trotzdem tun wir es häufig, weil wir Pausen nicht aushalten: Was erwarten Sie von einem guten Fernseher? Ich meine, welche Marke bevorzugen Sie? Was wollen Sie für das Gerät ausgeben? ... Welche Frage soll der Kunde jetzt beantworten?

Interviews in den Medien sind für Verkäufer leider oft schlechte Beispiele:

In einer Nachrichtensendung im österreichischen Fernsehen führte eine renommierte Moderatorin ein Interview mit dem Vertreter einer politischen Partei. Nachdem Sie ihm fünf Fragen hintereinander gestellt hatte, entstand eine Pause. Der Interviewte lächelte und sagte: „Seien Sie mir bitte nicht böse, Frau X. Sagen Sie mir bitte, welche von den Fragen soll ich zuerst beantworten?“

Etwa zur selben Zeit wurden Sportler befragt, was sie an Journalistenfragen am meisten hassen. Sie gaben folgende Antworten: „Wenn sich die Journalisten die Antworten auf ihre Fragen selbst geben!“, „Wenn die Frage schon die Antwort enthält!“, „Wenn man das Gefühl hat, dass die Frage mit einem selbst nichts zu tun hat!“

Zu Beginn jedes Verkaufsgesprächs steht – im Unterschied zu journalistischen Interviews – die Motivforschung. Das gilt für alle Branchen und für alle Sparten.

Die Frage: „Was erwarten Sie von ...?“ passt immer. Wenn der Kunde mit Ihnen spricht, hat er die Erwartung, dass Sie für ihn ein Problem lösen. Gehen wir davon aus, dass wir über unsere Kunden viel weniger wissen, als wir glauben. Unser Kunde verändert sich ständig, er wechselt den Job, gründet eine Familie, baut ein Haus, trennt sich von seiner Frau, kauft ein neues Auto. Und was tun wir? Wir quälen ihn mit fertigen Angeboten oder mit Produktpräsentationen, die gar nicht zu ihm passen!

Wenn ich in meinen Seminaren die Teilnehmer frage, woran man einen guten Verkäufer erkennt, erhalte ich folgende Antworten:

- gutes Fachwissen
- gefestigte Persönlichkeit
- gutes Auftreten
- gute Rhetorik
- Freundlichkeit
- Flexibilität

Das stimmt natürlich alles, selten wird aber darauf hingewiesen, dass man einen guten Verkäufer an den Fragen erkennt, die er dem Kunden stellt. Die Berufsbezeichnung für den Verkäufer kann auch lauten: Fragensteller. Der bessere Berater stellt die besseren Fragen. Produkte sind austauschbar, die Qualität der

Beratung aber nicht. Der Kunde fühlt sich dann am besten von Ihnen beraten, wenn Sie ihm durch Ihre geschickten Fragen ermöglichen herauszufinden, was er will und was er nicht will.

Mein Kunde, das unbekannte Wesen

Stellen Sie offene Fragen!

Die Motivforschung verlangt von uns, dass wir in die Rolle des „Interviewers“ schlüpfen. Damit sind ganz bestimmte Verhaltensweisen notwendig, die wir uns im Folgenden ansehen:

Verhalten des Interviewers

- Einstiegsfragen
- Mut zur Pause
- Vertiefungsfragen
- Bestätigen, Begeistern
- Zusammenfassen und Auswerten

Einstiegsfragen

Der Kunde soll zunächst für das Thema sensibilisiert werden. Er wird dabei in die Situation versetzt, dass er eines der Produkte oder eine der Beratungslösungen benötigt. Offene Fragen, die meist mit „W“ beginnen, sind an dieser Stelle immer richtig:

A) Was erwarten Sie von einer guten Digitalkamera?

B) Welcher Urlaubstyp sind Sie?

C) Welches Problem wollen Sie mit einer Markise lösen?

D) Was soll Ihr Traumski alles können?

E) Was erwarten Sie von einem guten Mittel gegen Schnupfen?

Mut zur Pause

Wir haben bereits gesehen, wie wichtig es ist, nach der ersten Frage eine Pause einzulegen. Genau das fällt Verkäufern immer wieder schwer. Die beste Frage verliert aber ihre Wirkung, wenn wir die Pause nicht zulassen. Der Kunde denkt nach. Lassen wir ihn nachdenken! Es geht ja schließlich um sein Kaufmotiv und nicht darum, möglichst viel zu präsentieren, um Fachkompetenz unter Beweis zu stellen. Die Kunden werden vielleicht verblüfft reagieren, wenn Sie eine Pause machen. Aber sie werden über sich sprechen. Genau das brauchen Sie, um das Kaufmotiv des Kunden zu entdecken!

Vertiefungsfragen

Wenn Sie eine erste Antwort erhalten haben, können Sie mit gezielten Fragen das Kaufmotiv vom Kunden weiter präzisieren lassen.

Zu A)

- Was ist Ihnen noch wichtig?
- Wie wichtig ist für Sie ein großes, farbiges Display?
- Was erwarten Sie von der mitglieferten Software zur Bildbearbeitung?

Zu B)

- Welches Land wollten Sie schon immer einmal besuchen?
- Was erwarten Sie von Ihrem Traumurlaub?
- Welchen Wert legen Sie auf „all inclusive"?

Zu C)

- Wie groß ist die Fläche, die Sie beschatten wollen?
- Wie wichtig ist Ihnen der ganztägige Sonnenschutz?
- Was wäre, wenn Ihre Markise bei Wind und Wetter von selbst eingefahren würde?

Zu D)

- Wie gut fahren Sie Ski?
- Wie wichtig ist Ihnen ein verlässlicher Kantengriff – auch auf eisigem Gelände?
- Wie wichtig ist für Sie die Drehfreudigkeit Ihrer Skier?

Zu E)

- Welche Art von Schnupfen haben Sie?
- Wie oft tritt dieser Schnupfen auf?
- Was halten Sie von Homöopathie?

Bestätigen, begeistern

Es ist wichtig, dass der Kunde merkt, dass seine Aussagen interessant und nachvollziehbar sind. Der Kunde will in seinen Anschauungen bestätigt werden. Auch für den Verkäufer ist das wichtig. Er kann mit seinen Bestätigungen kontrollieren, ob er den Kunden auch wirklich richtig verstanden hat.

Zu A)

Gut, Herr Kunde, dann sind Sie also auf der Suche nach einer sehr guten Digitalkamera, damit Sie lange damit Freude haben.

Zu B)

Schön, dass Sie Ihren Urlaub so aktiv gestalten wollen. Ihre Vorstellungen sind ja schon so konkret, dass wir kein Problem haben werden, Ihr Traumziel zu finden.

Zu C)

Sie legen also Wert darauf, dass Sie den ganzen Tag im Schatten sitzen können – egal, wie die Sonne gerade steht. Und Sie haben Recht: Ein paar Regentropfen sollte Ihre Markise schon aushalten.

Zu D)

Ich sehe, Sie sind der Typ, der gerne einmal ein paar schnelle Schwünge durch die Hänge zieht. So macht das Skifahren natürlich besonders viel Spaß.

Zu E)

Schön, dass Sie der Kraft der Natur vertrauen. Die Natur heilt zwar langsam, aber sicher.

Zusammenfassen und Auswerten

Zu diesem Zeitpunkt des Gesprächs hat der Kunde sein Kaufmotiv klar definiert. Der Verkäufer hat gute Fragen gestellt und genau zugehört. Nun ist es an der Zeit, zusammenzufassen und die Erkenntnisse auszuwerten, das heißt, das Produkt zu präsentieren:

Zu A)

Gut, dann benötigen Sie also eine leichte und trotzdem stabile Kamera mit einer sehr hohen Bildauflösung, einem großen Zoombereich und einem schönen Display. Außerdem soll die Kamera noch leicht zu bedienen sein. Darf ich Ihnen nun ein paar Modelle zeigen? ...

Zu B)

Gut, Herr Kunde, Sie wollen „Sonnengarantie" für zwei Wochen. Sie reisen mit Ihrer Frau und wollen gemeinsam die Zeit an einem Traumstrand verbringen. Die Verpflegung ist für Sie nicht erstrangig wichtig, dafür legen Sie großen Wert auf ein umfangreiches Sportangebot. Nun darf ich Ihnen ein paar Angebote zeigen ...

Zu C)

Gut, Herr Kunde, Sie wollen eine Markise, die so groß ist, dass sie den ganzen Tag den Essbereich auf der Terrasse beschattet. Nach Westen hin wollen Sie einen extra Schutz gegen die tiefstehende Sonne. Das Material soll auch einmal einen Regenguss aushalten. Sie legen Wert auf einen elektrischen Antrieb, auf den automatischen Einzug bei Schlechtwetter wollen Sie aber verzichten. Ich glaube, wir sind so weit, dass wir mit dem Messen beginnen können. Im Anschluss zeige ich Ihnen dann gerne ein paar Stoffmuster ...

Zu D)

Gut, Herr Kunde, Sie wollen mit Ihren Skiern schwierige Pisten in sportlicher Fahrweise bewältigen. Sie legen Wert auf einen sehr guten Kantengriff und auf die Stabilität Ihres Skis auch bei größerer Geschwindigkeit. Ich darf Ihnen nun ein paar Modelle zeigen, die zu Ihnen passen ...

Zu E)

Gut, Herr Kunde, Sie wollen Ihren hartnäckigen Schnupfen langfristig loswerden. Da Sie schon vieles probiert haben, wollen Sie nun der Homöopathie eine Chance geben. Wir haben da für Sie einige sehr interessante Produktc ...

Können Sie sich vorstellen, dass für Kunden, die so gut beraten wurden, der Preis eine entscheidende Rolle spielt? Die Kunden haben doch eine Vorstellung, was eine gute Digitalkamera, eine schöne Reise, eine qualitativ hochwertige Markise, ein gutes Paar Ski oder ein homöopathisches Arzneimittel kostet.

Es gibt überhaupt keinen Grund für uns, aus Angst vor dem Preis sofort die Frage nach dem Preis zu stellen. Damit wird der Kunde nur eingeschränkt. Er kauft etwas, was nicht wirklich zu ihm passt. Langfristig sicher keine gute Entscheidung.

5. Motivforschung

In diesem Kapitel werde ich Ihnen nun anhand von vier Beispielen aus unterschiedlichen Branchen zeigen, wie Sie beim Kunden Kaufmotive rasch und trotzdem detalliert erforschen können.

Beispiel 1: Private Altersvorsorge

In diesem Beispiel geht es um den Verkauf einer privaten Altersvorsorge als Ergänzung zu staatlichen und betrieblichen Vorsorgemodellen.

In den letzten Jahren haben sich die Finanzierungsprobleme der staatlichen Vorsorge verschärft. Aus Budgetgründen gibt es in vielen Ländern Jahr für Jahr eine Rentenreform. Reform in diesem Zusammenhang heißt natürlich, dass die Menschen immer weniger Leistungen vom Staat erwarten können. Aus wahltaktischen Überlegungen wird dieser Sachverhalt von den Politikern zwar nicht in dieser Schärfe dargestellt. Tatsache ist aber – und in diesem Punkt sind sich fast alle renommierten Sozialforscher einig –, dass die Entwicklung in allen Industriestaaten auf eine „Einheitsrente“ hinausläuft. Das heißt, jeder Bürger – egal, wie lange er gearbeitet hat, und egal, wie viel er zuletzt verdient hat – kann mit einer staatlichen Rente rechnen, die sich etwas über dem Satz der Sozialhilfe einpendeln wird.

Eine private Altersvorsorge ist also notwendig, wenn man seinen Lebensstandard im Großen und Ganzen halten will. Dieser Umstand ist den Menschen bekannt.

Verschärft wird diese Situation durch die Tatsache, dass die Menschen immer älter werden und auch im Alter wesentlich gesünder sind als die Generation vor uns. Als ich im Winter am Nassfeld in Kärnten Ski fahren war, saß ich im Sessellift neben einem netten älteren Herrn, der sagte: „Ich wette mit Ihnen, dass meine Liftkarte billiger war als Ihre. Ich bin nämlich 75 Jahre und fahre gratis.“

Rentner haben heutzutage etwas vor. Sie verbringen ihre Zeit zum Teil in wärmeren Ländern, sie machen Ausflüge und Reisen, treiben Sport und führen nicht mehr wie früher „hinter dem Ofen sitzend“ ein ruhiges Leben.

Im Januar 2011 war bereits fast ein Drittel der Bevölkerung in Österreich und Deutschland im Ruhestand. Die Lösungsansätze zur staatlichen Finanzierung des Rentensystems gehen nur in zwei Richtungen: Entweder die Menschen bekommen die schon angesprochene „Einheitsrente", oder sie müssen wesentlich länger arbeiten als bisher. Etwas anderes ist in keinem Staat der Industrialisierten Welt zu erwarten!

Die Menschen wissen um diese Situation. Es wäre zu erwarten, dass sie bei ihren Beratern aus dem Finanzdienstleistungsbereich „Schlange stehen", um eine Altersvorsorge abschließen zu dürfen. Das ist aber sicher nicht der Fall.

Wir neigen dazu, unangenehme Dinge zu „verleugnen" oder zu „verdrängen". Wir wissen um die Problematik und werden uns damit schon irgendwann beschäftigen. Aber nicht heute und auch nicht morgen, sondern in ein paar Jahren.

Jetzt sind wir „noch zu jung dafür" oder haben „zu wenig Geld" oder wollen „noch nicht an die Rente denken". Das Problem ist aber, dass die Zeit gegen uns arbeitet. Gerade im Bereich Finanzdienstleistung spielt der Faktor „Zeit" eine entscheidende Rolle. Wer früh mit dem Sparen beginnt, zahlt für dieselbe lebenslange private Altersvorsorge wesentlich weniger, als wenn er damit später beginnt.

Tatsache ist, dass stets viele Kunden im Bestand der Verkäufer noch keine Altersvorsorge abgeschlossen haben. Diese Kunden werden aber von den Medien ständig mit dem Appell „bombardiert", für das Alter vorzusorgen. Das heißt, wenn ein Berater eines anderen Unternehmens einen dieser Kunden anruft und mit ihm einen Termin vereinbart, ist die Wahrscheinlichkeit eines Abschlusses sehr hoch. Machen Sie sich in diesem Fall klar: „Meine" Kunden, die Vertrauen zu mir haben, schließen auf jeden Fall in den nächsten Tagen/Wochen/Monaten/Jahren irgendwo am Markt eine Altersvorsorge ab. Sie tun es bei mir, wenn ich mit ihnen darüber spreche. Sie tun es bei einem Mitbewerber, wenn ich nicht darüber spreche. So einfach ist das.

Motivforschung für ein individuelles Angebot

In der Finanzdienstleistung nehmen Verkäufer oft fertige Angebote zum Kunden mit. Oft sind es drei Angebote, die sich in der Höhe der vorgeschlagenen Monatsprämie voneinander unterscheiden. Meist wird ein kleines, ein mittleres und ein größeres Angebot bezüglich der Prämienleistung vorgelegt. Der Kunde entscheidet sich oft für das mittlere Angebot. So weit so gut. Aber: Woher weiß der Verkäufer, welches Angebot zum Kunden passt? Woher weiß der Verkäufer, welche Bedürfnisse sich der Kunde mit seiner privaten Altersvorsorge erfüllen will?

Weil wir Angst vor der Höhe der Prämie haben, sind diese Angebote meist so gering ausgewiesen, dass der Kunde zwar abschließt und dabei das Gefühl hat, vorgesorgt zu haben. Wenn er aber dann im Alter seinen Hobbys nachgehen will, wird er feststellen, dass das Geld „hinten und vorne" nicht reicht. Dann werden Sie sich mit der Frage konfrontiert sehen: „Herr Berater, hätten wir doch vor 20 Jahren ausführlich über dieses Thema gesprochen! Sie waren ja mein Versicherungsberater! Sie haben es ja gewusst!"

Wenn wir den Verkäufer fragen, warum das Angebot zu niedrig war, hören wir oft die Antwort: „Besser der Kunde schließt wenigstens irgendetwas ab als gar nichts!" Das stimmt natürlich, wirft aber sofort die Gegenfrage auf, warum der Kunde nicht das abschließen darf, was genau zu ihm passt.

Im Privatleben ärgern wir uns oft genug, wenn sich jemand nicht mit unseren Bedürfnissen beschäftigt – zum Beispiel zu Weihnachten, wenn die 25. Krawatte unter unserem Christbaum liegt, oder wir zum runden Geburtstag ein Geschenk auspacken, das uns nun wirklich nicht freut. Natürlich lassen wir uns unseren Ärger nicht anmerken – aber wir ärgern uns trotzdem.

Die Altersvorsorge ist – wie jede Dienstleistung – ein unsichtbares Produkt. Wir verkaufen damit ein Gefühl. Kein Mensch braucht eine Versicherungspolice. Er braucht das Gefühl, in der Zukunft keine finanziellen Sorgen zu haben.

Deswegen auch die Slogans in der Werbung der Versicherungswirtschaft: „Ihre Sorgen möchten wir haben“ oder „Wenn Sie uns vertrauen, haben Sie keine Sorgen mehr“ oder „Genießen Sie Ihren Urlaub, wir sorgen inzwischen für Ihr Heim“.

Die Motivforschung, und natürlich auch jene für die Altersvorsorge, beginnt mit einer Frage – und auf diese Frage muss unbedingt eine Pause folgen, denn der Kunde beginnt nachzudenken und sich selbst ein Bild zu machen.

Wie könnte die beste Frage für den Beginn der Motivforschung zur Altersvorsorge lauten? Es geht darum, dem Kunden einen Gedankensprung über mehrere Jahre hin zu ermöglichen. Er muss sich etwas vorstellen können. Die Frage dazu lautet:

„Was werden Sie im Ruhestand tun?“

Überlegen Sie, was diese Frage bei Ihnen auslöst: Es werden Bilder entstehen, die Vorstellung wird von eher positiven Gedanken begleitet, in Ihnen entsteht ein freudiges Gefühl. Sie denken vielleicht an Freizeit, Sport, weniger Stress, Reisen, Hobbys, Lebensstandard. Vorerst denken Sie wahrscheinlich nicht an das Geld, das Sie dafür benötigen.

Jeder von uns kann sich ab einem Alter von ca. 30 Jahren vorstellen, dass er einmal im Ruhestand sein wird. Er hat vielleicht Eltern, die schon in Rente sind, oder er kennt Rentner. Wenn wir Leute „mittleren Alters“ fragen, wann sie in Rente gehen wollen, dann sagen die meisten: „Lieber heute als morgen.“ Es ist schwer zu beurteilen, wie ernst diese Aussage gemeint ist. Aber anscheinend ist es für viele Menschen erstrebenswert, im Alter den Zustand von Freiheit zu erleben, auch wenn damit der letzte Lebensabschnitt beginnt.

Im Folgenden möchte ich Ihnen die Tonbandaufzeichnung einer realen Motivforschung zum Thema Rentenvorsorge wiedergeben. Der Kunde war ein 35-jähriger Mann, alleinstehend und bereits Kunde des Verkäufers. Er hatte sein Risiko in den Sachsparten ganz gut abgedeckt, aber noch keine Altersvorsorge abgeschlossen. Der Grund des Besuchs wurde bei der telefonischen Terminvereinbarung bereits mit „einem Gespräch über private Vorsorgeformen“ angekündigt.

Das Gespräch wurde mit Einverständnis des Kunden aufgezeichnet. Als Coach des Verkäufers habe ich an dem Gespräch teilgenommen. (Wörtliche Aussagen vom Tonband sind in Normalschrift gehalten. Die kursive Schrift kennzeichnet Erklärungen und Kommentare.)

Wir befinden uns in der Wohnung von Herrn S. in Klosterneuburg bei Wien. Wir haben im Wohnzimmer Platz genommen, der Kunde hat uns einen Kaffee gemacht. Das Gespräch dreht sich in der ersten Phase um aktuelle Ergebnisse bei den Skirennen. Der Verkäufer, Herr M., beginnt mit dem Verkaufsgespräch.

Verkäufer:	Herr S., wir haben in den letzten Jahren schon mehrere Geschäfte miteinander gemacht. Eine wichtige Frage habe ich Ihnen aber noch nie gestellt. Was werden Sie im Ruhestand einmal tun? *Pause.*

Es entsteht eine Pause von ca. 4 Sekunden. Herr M. sagte mir in der Nachbearbeitung des Gesprächs, dass es ihm sehr schwer gefallen sei, diese Pause auszuhalten. Es ist genau der „Film“ bei ihm abgelaufen, den ich schon beschrieben habe. Wir sind es nicht gewohnt, Pausen zu machen. Wir phantasieren, dass die Kunden uns für inkompetent halten könnten, wenn wir nicht ständig etwas präsentieren. Wir haben auch das Unbehagen, dass der Kunde uns fragen könnte, warum wir diese Frage stellen und dann nicht weiter wissen. Fragen stellen und Pausen machen ist in der „landläufigen Meinung“ eher anderen Berufsgruppen wie zum Beispiel Ärzten, Therapeuten, Theologen vorbehalten. Versteht der Kunde unser Verhalten vielleicht sogar als Anmaßung?

Herr M. erzählte, dass er in diesen wenigen Sekunden auch starke Verspannungen im Körper spürte. Unser Körper lügt nicht. Verspannungen sind immer ein Ausdruck dessen, dass wir uns nicht wohl fühlen. Auf dem Weg zum Profi im Verkauf ist es aber immens wichtig zu lernen, sich beim

Fragenstellen wohlzufühlen. Nur so kann beim Kunden ein Kaufmotiv entstehen.

Kunde:	Darüber habe ich eigentlich noch nicht nachgedacht. Ich bin ja erst 35 Jahre, und bis zur Rente dauert es doch noch eine ganze Weile. Aber sicher, man sollte rechtzeitig daran denken.
Verkäufer:	Ja, da haben Sie Recht, man sollte rechtzeitig daran denken. Was glauben Sie denn, woran man rechtzeitig denken sollte?

Bravo! Der Verkäufer hat sich offensichtlich gefangen und genau das gemacht, was wir vorher im Rollenspiel geübt haben. Er bestätigt den Kunden, nimmt seine zentrale Aussage auf, indem er sie wiederholt, und formuliert daraus die nächste Frage.

Die Erfahrung in Verkaufsseminaren zeigt, dass den Verkäufern beim Training von Interviews oft die Fragen ausgehen. Das kann aber leicht vermieden werden, wenn wir aus der letzten Aussage des Kunden die nächste Frage formulieren.

Wir helfen so dem Kunden, sein Gedankennetz zu konkretisieren. Bis jetzt ist die Aussage des Kunden allgemein gehalten und eher an der Oberfläche angesiedelt. Kaufmotive entstehen nur, wenn wir tiefer gehen.

Die Versuchung, das Interview abzubrechen und mit Produktvorschlägen fortzufahren, ist für den Verkäufer an dieser Stelle sehr groß. Der Kunde hat eh schon gesagt, dass man rechtzeitig daran denken sollte. Also, Herr Kunde, darf ich Ihnen etwas zeigen? Nein! Bitte zeigen Sie dem Kunden jetzt noch nichts, sondern fragen Sie weiter.

Kunde:	Na ja, ob wir uns im Ruhestand das alles noch leisten können. Vom Staat haben wir ja nicht mehr viel zu erwarten. Vor den Wahlen wird immer wieder einiges versprochen, wenn es aber dann darum geht, das Versprochene in die Tat umzusetzen, dann werden die Politiker immer ganz leise.

Verkäufer: Ja, auf den Staat können wir uns nicht mehr sehr verlassen. Sie haben gesagt „leisten können". Was wollen Sie sich denn im Ruhestand alles leisten?

Kunde: Jeden Euro will ich nicht umdrehen müssen. *Pause.*

Es entsteht nun wieder eine Pause von mehreren Sekunden. Der Kunde wirkt etwas traurig. Ihm ist wohl richtig bewusst geworden, wie leicht man im Ruhestand in eine finanzielle Krisensituation kommen kann. Natürlich hat auch er – wie alle anderen Kunden – ständig in den Medien von der Notwendigkeit einer privaten Altersvorsorge gehört. Er hat dieses Thema aber wie so viele andere auch einfach weggeschoben. Durch die guten Fragen des Verkäufers ist der Kunde nun genau in der Situation, dass er spürt, wie in ihm langsam ein Kaufmotiv entsteht – oft begleitet von einem typischen Kribbeln im Bauch.

Die Aufgabe des Verkäufers ist nun, den Kunden nach Möglichkeit wieder aus diesem Tief herauszuholen und mit den Worten des Kunden eine Frage zu formulieren, die ihm aus der Betroffenheit heraushilft. So viel vorweg: Der Verkäufer macht das brillant. Überlegen Sie, lieber Leser, wie Sie Ihre nächste Frage formuliert hätten!

Verkäufer: Stellen wir uns vor, Sie müssen den Euro nicht umdrehen, weil Sie genug davon haben. Wie würden Sie Ihr Geld ausgeben?

Kunde: Ja, Reisen ist sicher eines meiner großen Vorhaben. Im Winter, vor allem im Winter, würde ich gerne mehrere Wochen im Süden verbringen und es mir so richtig gut gehen lassen.

Verkäufer: An welches Land denken Sie denn dabei?

Kunde: Ich bin ein Spanien-Fan. Die Balearen und die kanarischen Inseln bereise ich heute schon sehr gerne.

An dieser Stelle hätte man auch die Frage stellen können, was es denn für den Kunden heißt, es sich gut gehen zu lassen. Durch diese Frage wären wahrscheinlich noch mehr Motive des Kunden aus der Kategorie „Lebensstandard“ aufgetaucht. Aber immerhin hat der Kunde konkret gesagt, wo er im Ruhestand hin will.

Verkäufer: Gut, nach Spanien soll es also gehen. Wie viele Wochen im Jahr wollen Sie dort verbringen?

Kunde: Das hängt eben von den finanziellen Möglichkeiten ab. Aber ein paar Wochen sollten es schon sein.

An dieser Stelle ist die Gefahr wieder sehr groß, die Motivforschung abzubrechen. Der Kunde hat schon etwas gesagt, wofür er mit Sicherheit Geld brauchen wird. Manche Verkäufer würden jetzt fragen: „Gut, wenn Sie einige Wochen im Jahr verreisen wollen, wie viel Geld werden sie dafür benötigen?“

Der Kunde hat mit Sicherheit schon ein Kaufmotiv gefunden, aber zu diesem Zeitpunkt noch ein sehr kleines. Fragen Sie also unbedingt weiter!

Verkäufer: Gut, wir haben das Reisen erwähnt. Was werden Sie noch alles tun?

Kunde: Wenn ich gesund bin, werde ich sicher noch Sport betreiben. Ich fahre sehr gerne Ski. Wenn es geht, versuche ich jedes Jahr eine Woche Skiurlaub zu machen. Das wird natürlich auch ganz schön teuer. *Pause.*

Wieder entsteht eine längere Pause. Der Kunde spürt, was er alles vorhat, und wie wenig Geld ihm dafür zur Verfügung stehen wird. Die Aufgabe des Verkäufers ist es wieder, den Kunden aufzufangen und Wege aufzuzeigen.

Verkäufer: Ja, darüber reden wir dann natürlich noch. Gibt es sonst noch Sportarten, die Sie gerne betreiben?

Kunde: Ja. Rad fahren, wandern, schwimmen. So das Übliche. Das ist aber nicht sehr kostenintensiv.

Der Kunde beruhigt sich selbst: Gott sei Dank, gibt es auch Hobbys, die nicht so viel Geld kosten. Die kann ich mir auch mit einer kleinen Rente leisten. Der Verkäufer läuft aber noch einmal zu einer Glanzleistung auf und hebt den Kunden mit der nächsten Frage wieder auf die „rosarote Wolke"!

Verkäufer:	Herr S., gibt es eigentlich einen Traum, den sie sich im Ruhestand erfüllen werden?
Kunde:	Ich werde einmal das kleine Haus meines Vaters erben. Dort im Keller steht eine kleine Modelleisenbahn, mit der ich schon als Kind sehr gerne gespielt habe. Im Keller ist sehr viel ungenutzter Platz, und schon als Kind hatte ich den Traum, diese Eisenbahn ganz groß auszubauen. Ja, das wäre wirklich ein Traum.

Mir ist aufgefallen, wie der Kunde mit strahlenden Augen und ziemlich abwesend aus dem Fenster geschaut hat, als er von der Modelleisenbahn erzählte. Soweit man das durch die Beobachtung des Kunden sagen kann, ist damit ein starkes Motiv getroffen, für das es sich aus seiner Sicht lohnt zu sparen. Hätten wir die Motivforschung schon zu einem früheren Zeitpunkt abgebrochen, wären wir nie auf dieses Motiv gestoßen. Deshalb fragen Sie weiter, so lange es der Kunde zulässt.

Verkäufer:	Herr S., Sie haben gesagt, dass Sie im Ruhestand vieles vorhaben. Sie wollen verreisen, Sie wollen Sport betreiben und sich den Traum mit der Eisenbahn erfüllen. Was glauben Sie, Herr S., was ich Ihnen im Ruhestand jeden Monat vorbeibringen darf, damit sich das realisieren lässt?
Kunde:	Sie meinen, was ich zusätzlich zur staatlichen Rente benötigen werde?
Verkäufer:	Ja, welchen Betrag wünschen Sie sich?
Kunde:	Wünschen würde ich mir 1 500 bis 2 000 Euro. Aber die Frage ist, wer das finanzieren soll!

Verkäufer:	Herr S., wenn Sie gleich heute mit dem Sparen beginnen, was glauben Sie, was die 2 000 Euro private Altersvorsorge kosten?
Kunde:	Keine Ahnung. Aber 400 bis 500 Euro muss man bestimmt rechnen!

Bravo! Die Motivforschung ist gelungen. Der Kunde hat nach dem Gespräch zum Ausdruck gebracht, wie wichtig diese Fragen für ihn waren. Er hat deutlich gespürt, dass es jetzt dringend an der Zeit ist, endlich mit der privaten Vorsorge zu beginnen. Dieses Thema war ihm zwar schon lange im Bewusstsein, er hat es aber immer wieder erfolgreich verdrängt.

Durch die guten Fragen des Verkäufers ist das Bild in ihm aber immer sichtbarer zum Ausdruck gekommen, dass er im Ruhestand noch vieles vorhaben wird, das Geld für diese Vorhaben aber keinesfalls ausreichen wird.

Stellen wir uns vor, wir hätten diesem Kunden ein Standardangebot für eine Altersvorsorge gezeigt. Der Kunde hätte sich vielleicht für unsere „mittlere" Variante entschieden und damit das Gefühl gehabt, für seine Rente vorgesorgt zu haben. Das Geld hätte zur Verwirklichung seiner Träume aber keinesfalls gereicht.

Es ist vorerst noch nicht wichtig, wie das Verkaufsgespräch weiter gegangen ist. Entscheidend ist, dass dieser Kunde nun genau weiß, was er will. Er hat es ja selbst gesagt: 1 500 bis 2 000 Euro Privatrente zur Finanzierung seiner Hobbys.

Es ist weiter wichtig, dass der Kunde den Betrag, den seine Altersvorsorge kosten wird, selbst einstuft. In allen Geldangelegenheiten schätzen die Kunden die Eigenleistung erfahrungsgemäß eher zu hoch ein, weil sie keine Vorstellung haben, wie schnell sich Geld vermehren kann, wenn man es gut anlegt.

Selbst wenn sich der Kunde unter Ausnutzung aller Produktmöglichkeiten, von einer klassischen Lebensversicherung bis hin zu einer Fondssparform, den monatlichen Betrag nicht leisten kann (oder will), hat er dennoch sein Sparziel im Kopf. Er wird verstehen, wenn der Verkäufer zu ihm sagt: „Gut, Herr Kunde, dann fangen wir jetzt mit dem Betrag zu sparen an, den Sie genannt haben. Ich werde dafür sorgen, dass wir den Vertrag jedes Jahr so anpassen, dass das Ergebnis einmal Ihren Vorstellungen entspricht.“

Dieser Kunde wird Sie in den nächsten Jahren freudig erwarten, wenn Sie ihm zeigen, was er tun kann, um seinem Sparziel wieder einen weiteren Schritt näher zu kommen.

Ein Kaufmotiv entsteht nur, wenn wir die richtigen Fragen stellen und die Pausen aushalten können.

Das gilt wiederum für alle Sparten und alle Branchen.

Motivforschung heißt, die Worte des Kunden aufzunehmen und in die nächste Frage zu integrieren. So fühlt sich der Kunde angenommen und spürt, wie sein Kaufmotiv für eine bestimmte Sache wächst und wächst.

Der Produktzusteller nimmt sich kaum Zeit für Fragen. Er zeigt dem Kunden sein Produkt und fragt ihn dann, wie es ihm gefällt. Wenn wir nur ein Produkt zur Auswahl haben, dann müssen wir uns den Kunden suchen, der dazu passt. Wenn wir aber viele Produkte und Produktvarianten zur Auswahl haben, führt der Weg zum zufriedenen Kunden nur über die Motivforschung!

Hier noch einmal eine grafische Darstellung des Prozesses zum Entstehen eines Kaufmotivs für eine private Altersvorsorge:

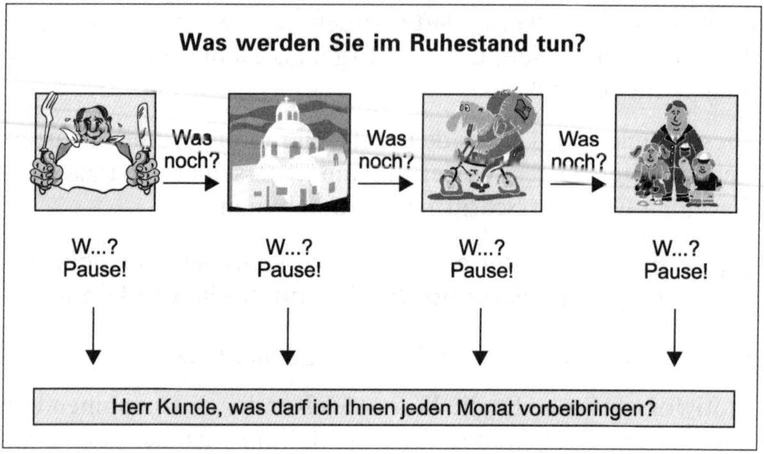

Wenn wir es mit sehr jungen Menschen zu tun haben, werden wir anders vorgehen müssen. Es macht kaum Sinn, einem 20-Jährigen die Frage zu stellen, was er im Ruhestand tun wird – er wird uns wahrscheinlich nicht verstehen.

Bei einem so jungen Menschen muss unbedingt der Produktvorteil der langen Laufzeit eine Rolle spielen.

Die Fragen könnten lauten:

„Wissen Sie, was Ihr großer Vorteil ist? Wenn Sie jetzt schon mit dem Sparen für die Rente beginnen, zahlen Sie nur ein Viertel von dem, was ein 40-Jähriger zahlen muss."

Oder:

„Darf ich Ihnen zeigen, wie sich ein paar gesparte Euro im Monat im Laufe der Jahre vermehren?"

Diese Fragen werden den jungen Mann wahrscheinlich interessieren. Eine weitere Herausforderung stellen Kunden dar, die bei der Motivforschung nicht aus sich herausgehen wollen. Das Gespräch zieht sich wie ein Kaugummi, der Kunde gibt einfach nichts von sich preis.

Um für solche Situationen gerüstet zu sein, ist es notwendig, sich von vornherein die richtigen „Eisbrecher-Fragen“ zurechtzulegen. Bezüglich der Altersvorsorge können das die folgenden Fragen sein:

Motivfragen Altersvorsorge

- „Was werden Sie im Ruhestand tun?"
- „Wie wird ein typischer Tagesablauf im Ruhestand aussehen?"
- „Was würden Sie mit 100 000 Euro zum Rentenantritt anfangen?"
- „Wie würden Sie Ihre monatliche Privatrente ausgeben?"
- „Was werden Sie in Ihrem ganzjährigen Urlaub alles anfangen?"
- „Welchen Traum werden Sie sich im Ruhestand erfüllen?"
- „Welche Hobbys betreiben Sie?"

Beispiel 2: Immobilien

Wir befinden uns im Büro der Immobilienmaklerin Maria S. An diesem Tag begleitete ich Frau S. bei ihrer Arbeit. Die Gespräche wurden auf Tonband mitgeschnitten bzw. in einem Gedächtnisprotokoll niedergeschrieben und werden im Folgenden auszugsweise wiedergegeben. Meine Kommentare sind durch Kursivschrift gekennzeichnet.

Am Morgen dieses Tages saß Frau S. an ihrem Schreibtisch und ordnete die Daten zu den neuen Objekten, die sie in letzter Zeit zum Verkauf aufgenommen hatte. Sie war stolz auf sich, weil sie die Objekte zu Preisen „eingekauft“ hatte, die einen Wiederverkauf wahrscheinlich erscheinen ließen. Die Verhandlungen mit den Eigentümern über den Verkaufspreis sind nicht immer leicht. Der Eigentümer möchte einen möglichst hohen Preis ansetzen. Die Aufgabe des Maklers ist es, den Preis so auszuhandeln, dass der Verkauf der Immobilie realistisch erscheint.

Frau S. hatte sich mit der Bitte an mich gewandt, ein Vertriebscoaching durchzuführen, da sie das Gefühl hatte, in ihrem Job immer wieder „leere Kilometer“ zu fahren. Sie tat sich nicht leicht damit, abzuschätzen, ob Kunden die Immobilien nur „anschauen“ oder auch „kaufen“ wollten. Sie erzählte auch, dass sie nicht immer ein Gefühl dafür entwickeln konnte, ob eine Immobilie zu einem Kunden passt oder nicht. Außerdem war sie der Ansicht, dass sie die Abschlussphase noch stärker gestalten konnte. Es kam zu einem Beratungsauftrag. Gegenstand war die Steigerung der Effizienz in den angesprochenen Punkten. Vor allem galt es, die Motivforschung differenzierter zu gestalten.

Wir hatten schon einen halben Tag miteinander gearbeitet und uns für alle Phasen des Verkaufsgesprächs (Telefonanruf, Besichtigung des Objekts, Abschluss) Fragen überlegt. An diesem Dienstag war es meine Aufgabe, das Umsetzen unserer gemeinsamen Vorarbeiten in die Praxis zu begleiten und Rückmeldung zu geben.

Der Lautsprecher des Telefonapparates war eingeschaltet, sodass ich das erste Telefonat mithören konnte.

> *Kunde:* Grüße Sie, Frau S. Sie haben heute ein Haus in X inseriert, das mich sehr interessiert. Wann können wir es besichtigen?

Das war, wie mir Frau S. erzählte, ein typischer Einstiegssatz von Kunden am Telefon. Sie haben etwas über ein Haus oder eine Wohnung gelesen, und schon soll die Besichtigungstour losgehen. Immobilienberater vergeuden auf diese Art und Weise viel Arbeitszeit, weil sie dann am Ende des Tages feststellen, dass sie mit dem Kunden zwar eine schöne „Rundreise“ gemacht haben und einige Objekte besichtigt hatten. Nur leider war das Objekt, das wirklich zum Kunden passt, nicht dabei. Auch wenn man beim Kauf von Immobilien immer wieder Einschränkungen in Kauf nehmen muss, so gibt es doch bestimmte Kriterien, die erfüllt sein müssen, damit eine Kaufentscheidung stattfinden kann. Und diese Kriterien sollten bereits abgefragt werden, bevor man mit dem Kunden eine Besichtigung vereinbart.

Frau S.: *(Sie lächelt und beginnt mit dem Fragenstellen.)* Was suchen Sie genau?

Kunde: Ein Haus auf dem Land. Der Bezirk X ist doch für seine ansprechende Lage bekannt. Nah der Stadt und doch auf dem Land. Also, wann kann ich das Objekt besichtigen?

Frau S.: So weit sind wir noch nicht. Ich möchte Ihnen zuerst noch ein paar Fragen stellen, um sicherzugehen, dass das Haus zu Ihnen passt. Ansonsten würden wir uns beide den Weg ersparen. Sind Sie damit einverstanden?

Kunde: Ja, fragen Sie nur zu.

Frau S.: Wie groß ist Ihre Familie?

Kunde: Wir haben zwei kleine Kinder, also insgesamt vier Personen.

Frau S.: Wie wichtig ist für Sie eine gute Infrastruktur für die Kinder? Ich meine Kindergarten und Schule?

Kunde: Das ist für uns schon wichtig. Aber im Zweifelsfalle ziehen wir das Leben im ländlichen Bereich einer kompletten Infrastruktur vor.

Frau S.: Wann wollen Sie einziehen?

Kunde: So bald es geht. Jedenfalls innerhalb der nächsten drei Monate, denn dann müssen wir aus unserer Wohnung raus.

Frau S.: Gut, dass wir darüber sprechen. Dieses Haus wird erst in einem Jahr verfügbar sein. Es wurden gerade Sanierungsarbeiten angefangen, die sich mindestens über das nächste halbe Jahr ziehen werden.

Kunde: Da kann man doch bestimmt etwas machen.

Frau S.: Was dieses Objekt betrifft, leider nicht. Aber wir haben noch andere Objekte in unserem Angebot. Ich kann Ihnen gerne Pläne zeigen. Wann sind Sie denn das nächste Mal in meiner Nähe?

Bravo! Frau S. hat das K.-o.-Kriterium herausgefunden. Dieses Haus passt definitiv nicht zu diesem Kunden. Der Aufwand hätte sich nicht gelohnt. Stellen wir uns vor, es wäre zu einem Besichtigungstermin gekommen. Angenommen, der Kunde wäre von dem Objekt angetan gewesen und hätte überlegt, es zu kaufen. Dann wäre sofort der Termin der Übergabe ein Thema geworden. Vielleicht wäre die Entscheidung noch hinausgeschoben worden, vielleicht hätte die Maklerin noch mit dem Eigentümer gesprochen, ob die Renovierungsarbeiten zu beschleunigen wären. Wahrscheinlich wäre aber am Schluss ein unzufriedener Kunde übriggeblieben, weil das Haus doch nicht zum Wunschtermin des Kunden fertig geworden wäre. Fazit: Es kann rasch für alle Beteiligten viel Ärger entstehen, wenn beim Erstkontakt nicht die richtigen Fragen gestellt werden.

An diesem Tag hatte die Maklerin noch zwei Besichtigungen auf dem Programm. Die erste Besichtigung war in einer netten, kleinen Altbauwohnung im dritten Stock eines Hauses in der Nähe der Universität. Der Termin wurde mit einem Studentenpaar vereinbart. Die Maklerin erzählte mir, dass die Abklärungen am Telefon ergaben, dass das Paar ganz gut in diese Wohnung passen könnte. Der Vater des jungen Mannes würde den Kaufpreis übernehmen, sie hatte allerdings vergessen, darauf hinzuweisen, dass sich in diesem Haus kein Aufzug befand, und hoffte, dass das kein K.-o.-Kriterium für das Studentenpaar bedeutete. Wir fuhren gemeinsam zu dem Termin. Das nette junge Paar wartete schon vor dem Eingang.

Ich hatte mit Frau S. vereinbart, das Fehlen des Aufzugs gar nicht zu erwähnen. Wenn der Aufzug ein Problem wäre, würden es die Kunden schon sagen.

Wir zerbrechen uns oft den Kopf über Vor- und Nachteile von Produkten, die für die Kunden vielleicht gar nicht wichtig sind.

Wir gingen die Stufen hinauf, und die Studentin machte eine Bemerkung über die vielen Stufen. „Wir sind ja noch jung“, erwiderte ihr Freund, und damit war das Thema vom Tisch.

Frau S. ließ das Paar die Wohnung selbst entdecken. Als wir uns dann später wieder alle im Wohnzimmer befanden, stellte sie ein paar hervorragende Fragen zur Ergründung des Kaufmotivs:

Frau S.:	Welches Gefühl hatten Sie, als Sie hereingekommen sind?
Studentin:	*(zu ihrem Freund gewandt)* Das ist eigentlich genau das, was wir suchen, oder?
Student:	Ja, das ist es.
Frau S.:	Was sind für Sie die Vorteile dieser Wohnung?
Studentin:	Sie ist zentral gelegen, hat einen schönen Balkon und auch die Möbel in der Küche und im Bad entsprechen unserem Geschmack.
Frau S.:	Gibt es auch Nachteile?
Student:	Eigentlich nur den, dass die Ablösezahlung für die Möblierung ziemlich hoch ist.
Frau S.:	Ja, das ist viel Geld. Dafür bekommen Sie aber eine fast neue Einbauküche und ein Badezimmer, in dem Sie sich wohlfühlen.
Student:	Ja, da haben Sie Recht.
Frau S.:	Wann machen wir das Kaufangebot?
Student:	Mein Vater ist nächste Woche am Montag in der Stadt. Er möchte sich die Wohnung auch noch ansehen. Geht das?

Frau S.:	Natürlich. Was glauben Sie, was wird Ihr Vater dazu sagen?
Student:	Ich glaube, die Wohnung wird ihm gefallen.

Ich hatte als Beobachter das Gefühl, dass das junge Paar sehr gut in diese Wohnung passte. Es war wohltuend für mich zu erleben, dass Frau S. nicht eine von einem Redeschwall begleitete Führung durch die Wohnung gemacht hatte, sondern sich auf das Stellen von ein paar wesentlichen Fragen konzentrierte. Die Kunden gingen bestimmt mit einem sehr guten Gefühl und der Überzeugung aus dem Gespräch, das gefunden zu haben, was sie gesucht hatten. Der Vater des Studenten war von der Wohnung übrigens auch angetan, und es kam in der folgenden Woche zu einem Abschluss.

Nach diesem Besichtigungstermin fuhren wir zu einem Treffen mit einem nächsten Kunden. Frau S. erzählte mir, dass sie mit Herrn M. schon eine Besichtigung in dem schönen, neuen Einfamilienhaus in einem neuen Stadtviertel gehabt hatte. Herr M. war von dem Haus sehr angetan. Besonders hatten ihm die großen, hellen Räume gefallen. Er hat das Haus auch schon „im Geiste" eingerichtet. Die große südseitige Terrasse hatte ihn sehr beeindruckt und auch die gute Infrastruktur (Schule, Einkaufsmöglichkeiten usw.). Der Preis für das Haus lag aber ca. 20 Prozent über dem Budgetplan der Familie M. Herr M. hatte einen sehr guten Job, seine Frau war teilzeitbeschäftigt, sodass die Finanzierung der Restsumme über die Bank kein Problem darstellen sollte. Es ging mehr um die Frage, ob sich Familie M. in diesem Maße verschulden wollte.

Als wir am Treffpunkt ankamen, war Familie M. schon vollzählig versammelt. Herr und Frau M. befanden sich auf der Terrasse des Hauses, und die zwei kleinen Kinder liefen im Garten umher, als ob sie dort schon wohnen würden.

Wir begrüßten uns und gingen in das Haus hinein. Frau S. wandte sich zuerst an Frau M., um abzuklären, wie weit die Familie in der Entscheidungsfindung schon gekommen war.

Frau S.: Frau M., Sie betreten das Haus heute zum ersten Mal?

Frau M.: Ja, mein Mann hat mir voller Begeisterung berichtet. Ich habe mir auch die Pläne angesehen und glaube, dass dieses Haus wirklich sehr gut zu uns passt.

Frau S.: Gut, dann gehen wir gemeinsam durch die Räume und Sie sagen mir, welche Gedanken Ihnen durch den Kopf gehen.

Viele Menschen kaufen ein Haus nur einmal in ihrem Leben. Es geht um sehr viel Geld, und ein gewisser Rest von Unsicherheit, ob die Entscheidung die richtige ist, bleibt wohl immer. Die Sicherheit, die richtige Entscheidung getroffen zu haben, nimmt übrigens kaum zu, wenn man das Haus öfter besichtigt. Es geht viel mehr um Gefühle und erste Eindrücke. Die Fakten sind schnell geklärt und beeinflussen die Kaufentscheidung viel weniger als die Gefühle, die mit diesem neuen Haus sofort verbunden sind.

Frau. S. geht bei der Besichtigung genau den richtigen Weg: Sie präsentiert nicht das, was ohnehin jeder sehen kann, sondern beobachtet, was die Besichtigung bei ihren Kunden auslöst und welche Kaufsignale ausgesendet werden. „Hier würde unsere Couch sehr gut hinpassen" oder „In dieser Küche, mit dem wunderbaren Blick in den Garten würde ich mich wohlfühlen". Das sind Aussagen, die deutlich zeigen, dass der Kunde dabei ist, aus einem Haus ***sein*** *Haus zu machen. Eine Präsentation von Fakten und baulichen Details würde den Prozess der Anfreundung des Kunden mit dem neuen Haus nur stören.*

Nachdem das ganze Haus besichtigt war, befanden wir uns wieder auf der Terrasse.

Frau S.: Herr und Frau M., wie geht es Ihnen jetzt?

Herr M.: *(an seine Frau gewandt)*
Silvia, sag du, wie es dir geht!

Frau M.: Ich fühle mich sehr wohl. Das Haus passt wirklich genau zu uns.

Frau S.: Was gefällt Ihnen besonders gut?

Frau M.: Die Raumaufteilung ist fast perfekt. Helle Räume, große Kinderzimmer, und der Garten ist auch groß genug für uns.

Frau S.: Gibt es noch irgendetwas, das dagegen spricht?

Frau M.: Eigentlich nicht, aber es ist eine große Entscheidung, und es geht um sehr viel Geld.

Frau S.: Es stimmt, das Haus ist nicht billig. Aber diese Qualität in dieser Wohngegend hat natürlich ihren Preis.

Herr M.: Andererseits haben wir auch unsere Wohnung zu einem guten Preis verkauft. Und die Bank meint, dass die Finanzierung in unserem Fall kein Problem ist.

Das Haus ist gekauft. Das Kaufmotiv ist klar, die Finanzierung stellt kein Problem dar. Alles, was jetzt noch „herumgeredet" werden würde, könnte vielleicht noch die Kaufentscheidung ins Wackeln bringen. Die Aufgabe der Maklerin ist es, jetzt rasch den Abschluss einzuleiten, und das macht sie auch ganz großartig.

Frau S.: Ich glaube, wir sind soweit, dass wir den Vertrag unterzeichnen können.

Herr M.: Das geht mir jetzt ein bisschen zu schnell.

Frau S.: Was ist für Sie noch offen?

Herr M.: Es ist nichts mehr offen, aber es geht um sehr viel Geld. Es ist eine große Entscheidung.

Frau S.: Die Entscheidung ist aber in den nächsten Tagen gleich groß bzw. nicht mehr notwendig, wenn ein anderer Kunde sich für das Haus entscheiden würde.

Herr M.: Ja, da haben Sie Recht.

Frau S.: Fassen wir noch einmal gemeinsam zusammen ...

Frau S. zählt nun die Vorteile, die die Kunden selbst mit diesem Haus verbinden, noch einmal auf. Herr und Frau M. nicken immer wieder.

Herr M.: Kinder, sollen wir das Haus kaufen?

Kinder: Ja.

In der Folge werden Verträge unterzeichnet. Eine heikle Situation entsteht noch, als es um die drei Prozent Maklerprovision geht, die Frau S. zustehen.

Herr M.: Das ist aber schon sehr viel Geld. Können Sie uns da nicht entgegenkommen?

Es entsteht eine kurz Pause. Ich hätte erwartet, dass Frau S. sich nun auf eine Preisdiskussion einlässt. Sie bleibt aber ihrer Linie als Fragenstellerin treu und hat damit Erfolg:

Frau S.: Wie waren Sie denn mit meiner Beratung zufrieden?

Herr M.: Ja, ich bin schon zufrieden, aber drei Prozent Provision erscheint mir doch sehr hoch.

Frau S.: Was an meiner Beratung hat Ihnen denn gut gefallen?

Frau M.: Ich hatte nicht das Gefühl, dass Sie unbedingt was verkaufen wollen, sondern dass es Ihnen vor allem wichtig ist, dass wir etwas bekommen, das zu uns passt.

Damit hat Frau M. das beste Argument geliefert, das eine Provisionszahlung auch in dieser Höhe rechtfertigt: Sie ist ganz einfach gut beraten worden.

Frau S.: Ja, es ist mir sehr wichtig, dass meine Kunden gut beraten sind, und das hat natürlich auch seinen Preis.

Herr M.: *(lächelt)* Ja, Sie haben sich Ihr Honorar verdient.

Frau S. hat ein wirklich gutes Verkaufsgespräch durchgeführt. Sie hat ihr Gespräch nicht auf Präsentationen und Erklärungen aufgebaut, sondern auf Fragen. Die Kunden fühlen sich gut beraten, weil ihr Kaufmotiv klar herausgearbeitet worden ist und sie nun das Gefühl haben, genau die richtige Entscheidung getroffen zu haben. In unserem Feedbackgespräch hat Frau S. mir später erzählt, dass sie sich in ihrer Rolle als Verkäuferin sehr wohl gefühlt hat. „Das Fragenstellen", sagte sie, „ist zwar eine Vorgehensweise, mit der man sich erst anfreunden muss. Wenn man aber konsequent mit Fragen arbeitet, fällt ein Verkaufsgespräch viel leichter, weil es sofort um Motive und Gefühle geht, die bei einer Kaufentscheidung – gerade bei einer so hochpreisigen Ware – so wichtig sind."

Motivfragen Immobilien

A) Fragen am Telefon

- Was suchen Sie genau?
- Was erwarten Sie von diesem Objekt?
- Welche Lage bevorzugen Sie?
- Wie wichtig ist Ihnen eine gute Infrastruktur (Schule, Kindergarten, Geschäfte, Verkehrsmittel)?
- Wann wollen Sie einziehen?
- Wer (welche Personen) zieht ein?
- Wie groß sollte Ihre neue Immobilie sein?
- Wie viele Zimmer brauchen Sie?
- Was ist Ihnen besonders wichtig an Ihrer neuen Immobilie?
- Wann können Sie das Objekt besichtigen?

B) Fragen vor Ort

- Wie passt diese Immobilie zu Ihnen?
- Welches Gefühl hatten Sie, als Sie hier hereingekommen sind?
- Wie gut gefällt Ihnen die Wohnung/das Haus?
- Was gefällt Ihnen besonders gut?
- Welche Hilfe für Ihre Entscheidung benötigen Sie noch?
- Was wollen Sie noch abklären?
- Wann unterschreiben wir den Vertrag?

Last but not least: Frage nach Empfehlung

Das einzige Manko des Gesprächs war, dass Frau S. wieder nicht nach Empfehlungen gefragt hat. Sie hatte mir schon früher einmal gesagt, dass die Frage nach der Empfehlung für sie eine dicke „rote Linie" darstellt. Man will sich nicht „anbiedern", die Kunden sollen nicht glauben, dass „man nichts zu tun hat". Solche und ähnliche Gedanken schleichen sich bei Frau S. ein, wenn sie einen Kunden nach der Empfehlung fragen soll.

Das Thema Empfehlung tritt im Verkauf immer wieder als dicke rote Linie auf. Dabei kennen die meisten zufriedenen Kunden oft noch jemand anderen, der von der Dienstleistung profitieren kann bzw. die Ware auch braucht. Wir Verkäufer müssen sie eben nur danach fragen.

Überlegen wir uns, was im schlimmsten Fall passieren kann, wenn wir den Kunden nach der Empfehlung fragen. Er könnte sagen: „Ich will keine Namen hergeben" oder „Nein, ich kenne niemanden, der davon auch profitieren kann". Dann haben wir eben ein „Nein" erhalten. Dieses Nein darf aber nicht der Grund sein, dass wir uns sagen: „Ich habe ja gewusst, die Kunden geben keine Namen bekannt." Das Nein muss der Anlass sein, es beim nächsten Mal von Neuem zu probieren. Wenn wir in jedem Verkaufsgespräch, in dem sich der Kunde gut beraten fühlte, die Frage nach der Empfehlung stellen, dann werden wir sicher in jeder Woche ein paar neue Namen als Grundlage für neue Kontakte erhalten. Und jeder Verkäufer weiß, dass Kontakte die Grundlage unseres Erfolgs sind. Wenn wir im Verkauf erfolgreich sein wollen, können wir es uns nicht aussuchen, ob wir die Frage nach der Empfehlung stellen wollen oder nicht. Wir können uns nur die Worte aussuchen, die in diesem Zusammenhang gut zu uns passen.

Mit Familie M. waren noch einige Details zu klären. Zu diesem Zweck war ein Gespräch im Büro von Frau S. vereinbart. Ich besprach mit Frau S., diesen Anlass zu nutzen, um noch nach der Empfehlung zu fragen. Nachdem also die Details geklärt waren, atmete Frau S. tief durch und sagte Folgendes:

Frau S.: Jetzt habe ich noch eine Frage an Sie. Wie waren Sie mit meiner Beratung zufrieden?

Herr M.: Ich habe Ihnen ja schon gesagt, dass wir sehr zufrieden waren.

Frau S.: Kennen Sie jemanden, der ein Haus oder eine Wohnung kaufen oder verkaufen will?
(Pause)

Frau M.: In unserem Wohnhaus gibt es noch eine Familie, die sich in nächster Zeit ein Haus kaufen will.

Frau S.: Darf ich mir Namen und Telefonnummer notieren?

Frau M.: Natürlich!

Na bitte, das war ja gar nicht so schwer. Frau S. ist in der Zwischenzeit eine sehr konsequente Fragerin nach Empfehlungen geworden. Sie erzählte mir, dass sie im letzten halben Jahr mehr als 20 Kunden über Empfehlungen bekommen hat. Mein Rat an Sie, egal in welcher Branche Sie tätig sind: Machen Sie es Frau S.

ganz einfach nach! Wenn Sie eine Zeitlang nach Empfehlungen gefragt haben, wird Ihnen diese Frage ganz natürlich erscheinen, und der Erfolg wird Ihnen Recht geben.

Beispiel 3: Reisebüro

Was gibt es schöneres, als wieder einmal ins Reisebüro zu gehen, weil der Sommerurlaub ansteht? Sie, liebe Leserin, lieber Leser, bringen bestimmt eine grobe Vorstellung davon mit ins Reisebüro, was Sie im Urlaub erleben wollen und was nicht. Aufgabe der Verkäuferin/des Verkäufers im Reisebüro wäre es, Ihnen so gute Fragen zu stellen, dass Sie in wenigen Minuten ein Angebot herausgefunden haben, das genau zu Ihnen passt.

Die Praxis zeigt uns leider, dass solche Gespräche im Reisebüro ganz anders verlaufen. Sobald ein Beraterplatz frei wird, sitzen Sie erwartungsvoll einem Spezialisten gegenüber, der Sie nun mindestens eine gute Stunde lang bombardiert – leider nicht mit den richtigen Fragen, sondern mit Angeboten, Bildern, Zusatzinformationen. Bald türmen sich die ausgewählten Kataloge immer höher, und irgendwann verlassen Sie dann das Reisebüro wieder mit einer großen Anzahl von Katalogen und sonstigem Infomaterial.

Wenn Sie ehrlich sind, dann wissen Sie jetzt weniger als zu dem Zeitpunkt, an dem Sie voller Erwartung das Reisebüro betreten haben. Wenn in den nächsten Tagen eine Kaufentscheidung getroffen wird, dann sehr oft aus Angst davor, es könnten bald keine passenden Angebote mehr vorliegen. Schnell wird eine Option bei irgendeinem Veranstalter gebucht. Nicht selten erhalten Sie dann einen Anruf des Reisebüros, dass es die ausgewählte Urlaubsreise nicht mehr gibt, aber eine alternative, die dem ursprünglichen Angebot nahe kommt. Also wird eben die Alternative gebucht, weil Sie ja sowieso nicht wirklich wissen, was Sie eigentlich wollen. Kaufmotive sind nämlich selten klar sichtbar, vielmehr hat man nur eine Ahnung davon, was man wirklich will. Die Kunst im Verkaufsgespräch besteht darin, diese Ahnungen durch die richtigen Fragen in konkrete Bilder zu verwandeln.

Das folgende Beispiel habe ich aus einem Beratungsprozess in einer Reisebürokette ausgewählt. Im Vorgespräch mit dem Auftraggeben waren die Hauptprobleme schnell klar:

- Die Beratungsgespräche dauern viel zu lange.
- Die Motivforschung wird nicht sauber durchgeführt.
- Die Abschlussstärke ist zu wenig ausgeprägt.

Da es sich um eine größere Reisebürokette mit über 100 Beratern handelte, kamen wir überein, mit den Filialleitern ein professionell geführtes Verkaufsgespräch zu entwickeln und die Filialleiter in einem Train-the-Trainer-Seminar auf die Übung dieses Gesprächs mit ihren Mitarbeitern vorzubereiten.

Zuerst wurden gemeinsam Fragen entwickelt, die die Kaufmotive der Kunden verlässlich ergründen sollten (siehe Kasten, Seite 110). Rasch gelangten wir zur Übung von Verkaufsgesprächen mit der Videokamera. Die Gespräche wurden von mal zu mal kürzer und kundenorientierter. In den folgenden Wochen hatte ich mehrmals die Gelegenheit, direkt in den Filialen Kundengespräche zu beobachten. Ein sehr gelungenes Gespräch möchte ich hier wiedergeben.

Wir befinden uns in der Filiale der Reisebürokette in Hannover. Im folgenden Gespräch berät die Verkäuferin Frau S. ein jüngeres Ehepaar, Herrn und Frau P.

Frau S.: Guten Tag, nehmen Sie doch Platz.

Herr P.: Danke … dann wollen wir mal sehen.

Ich hatte als Beobachter das Gefühl, dass der Kunde mit diesem Satz zum Ausdruck bringt, dass er kaufbereit ist, sofern er „etwas sehen" wird, was ihm und seiner Frau gut gefällt. Ich würde diesen ersten Satz des Kunden sogar schon als ein Kaufsignal werten, jedenfalls aber als ein Zeichen der Offenheit.

Frau S.: Ich glaube, ich kenne Sie beide schon. Kann das sein, dass Sie bei mir schon einmal gebucht haben?

Frau P.: Nein, wir sind zum ersten Mal hier.

Gut gemacht. Die Verkäuferin gibt den Kunden das Gefühl, dass sie willkommen sind, auch wenn die Kunden wohl zum ersten Mal hier sind. Aber besser so als umgekehrt.

Frau S.: Was kann ich denn nun für Sie tun?

Herr P.: Meine Frau und ich wollen die letzten beiden Wochen im August mit unseren beiden Kindern verreisen. Es sollte eine Flugreise ab Hannover sein.

Frau S.: Wie alt sind die Kinder denn?

Frau P.: Der Junge ist elf und das Mädchen ist neun Jahre alt.

Frau S.: Wie haben Sie sich Ihren Urlaub denn vorgestellt?

Herr S.: Es sollte so wie die letzten Jahre ans Mittelmeer gehen. Nicht viel mehr als zwei Flugstunden ... schöner Strand ...

Frau P.: Ja, und das Hotel sollte familienfreundlich sein.

Frau S.: Was genau meinen Sie damit?

Frau P.: Wir hätten gerne, dass die Kinder dort Spielkollegen finden und dass es auch kindgerechte Einrichtungen gibt.

Frau S.: Wo waren Sie denn im letzten Jahr?

Herr P.: Wir waren in der Clubanlage X auf Mallorca. Dort hat es uns sehr gut gefallen.

Frau S. kennt die Clubanlage X auf Mallorca natürlich. Es handelt sich um einen sehr gepflegten Vier-Sterne-Club direkt am flach abfallenden Strand im Nordosten der Insel. Die Clubanlage ist nicht gerade billig, damit fällt die Frage nach dem Urlaubsbudget vorerst weg. Wenn die Familie diesmal etwas Günstigeres ins Auge fast, dann wird Sie es schon noch sagen.

Frau S.: Was hat Ihnen denn so gut gefallen?

Frau P.: Die Anlage liegt direkt am Strand. Wir hatten die All-Inclusive-Verpflegung gewählt. Wenn man mit Kindern reist, macht sich das auf jeden Fall bezahlt ...

Herr P.: Ja, und die Animation für die Kinder war auch sehr gut gemacht. Die Kinder haben von der großen Anzahl an Unterhaltungsmöglichkeiten reichlich Gebrauch gemacht ...

Frau P.: ... und es gab auch einen ruhigeren Teil in der Anlage, in dem mein Mann und ich uns oft aufgehalten haben.

Mir ist aufgefallen, mit wie viel Euphorie die beiden von ihrer letzten Urlaubsreise erzählten. Ein paar gute Fragen genügten, damit Herr und Frau P. voll und ganz in das Urlaubsgefühl abtauchen konnten. Dieses Gefühl wollen die beiden und ihre Kinder wohl in diesem Jahr wieder haben. Gut, dass die Verkäuferin ihnen dazu verhelfen kann.

Frau S.: Sie haben im letzten Jahr wohl einen sehr schönen Urlaub erlebt. Ich kenne die Anlage auch persönlich und kann Ihre guten Eindrücke nur bestätigen. Wie stellen Sie sich nun Ihren Urlaub in diesem Sommer vor?

Herr P.: Im Prinzip ganz ähnlich ... nur vielleicht mal woanders hin. Auf Mallorca waren wir insgesamt schon drei Mal.

Frau S.: Wo soll es denn in diesem Jahr hingehen?

Frau P.: Unsere Kinder waren noch nie in Griechenland ... das wäre vielleicht mal was.

Herr P.: Ja, Griechenland ist für uns sicher eine Alternative. Haben Sie da etwas anzubieten?

Natürlich hätte Frau S. jetzt etwas anzubieten. Aber Griechenland ist groß, und die Veranstalter, die Griechenland anbieten, sind zahlreich. Wenn Frau S. jetzt schon mit der Präsentation der Angebote anfangen würde, bestünde bald wieder die Gefahr, dass sich die Reisekataloge vor Herrn und Frau P. auftürmen würden und sie sich dann bald nicht mehr entscheiden könnten. Die Aufgabe der Verkäuferin besteht an dieser Stelle darin, weiter nach Kaufmotiven zu forschen.

Frau S.: Natürlich haben wir etwas anzubieten, ich komme gleich dazu. Aber ein paar Fragen habe ich vorher noch: Zu welcher griechischen Insel haben Sie eine besondere Beziehung?

Frau P.: Rhodos, da haben wir unsere Flitterwochen verbracht.

Herr P.: Ja, das war eine sehr schöne Zeit. Die Strände um Lindos sind wunderbar, und die Stadt Rhodos ist kulturell sehr interessant.

Frau S. wartet eine Pause ab, um die Ausführungen wirken zu lassen. Keiner sagt etwas, Herr und Frau P. lächeln, die Entscheidung ist wohl gefallen.

Frau S.: Wollen wir uns ein passendes Angebot auf Rhodos ansehen?

Herr P.: Ja, ich glaube da wollen wir in diesem Jahr hin.

Frau P.: Ja, dann können wir den Kindern einiges von dieser schönen Insel zeigen.

Frau S.: Gut, wenn ich Sie recht verstanden haben, dann wollen Sie in diesem Jahr in einem Club auf Rhodos mit Ihren Kindern die letzten beiden Wochen im August verbringen. Sie hätten gerne eine Anlage direkt am Strand und bevorzugen als Verpflegungsart „all inclusive".

Herr P.: Ja, so ist es.

Frau S.: Da haben wir zwei Angebote im Programm, die ich Ihnen gerne zeigen will ...

Nach nicht einmal zehn Minuten ist es soweit, die Vielzahl von möglichen Angeboten und Varianten ist auf zwei konkrete Clubs auf Rhodos eingeschränkt. Ich hatte das Gefühl, dass die Kunden wirklich dankbar dafür waren, dass sie so konkret auf das hingeführt wurden, was genau zu ihnen passt.

Herr P.: Das sind beides sehr schöne Anlagen ... Unterbringung in beiden Fällen in Doppelzimmern mit Verbindungstüre ... direkt am Sandstrand ...

Frau P.: Gibt es einen großen Preisunterschied?

Frau S.: Der Club in Faliraki kommt insgesamt auf ..., der in Lindos auf ..., also kaum ein Unterschied.

Frau P.: Dann nehmen wir den Club in Lindos, da waren wir schon einmal.

Herr P.: Gut, damit bin ich einverstanden.

Frau S.: *(Sie nimmt den Vertrag zur Hand.)* Dann benötige ich Ihre Personalien ...

Der Vertrag wird ausgefüllt, der Verkäuferin steht noch der Zusatzverkauf bevor. Eine Krankenversicherung wird nicht benötigt, da die Kunden in ihrer privaten Vorsorge einen Vollschutz für die gesamte Familie inklusive Rückholdienst haben. Die Stornoversicherung wird aber mit abgeschlossen. Dann geht es noch um einen Leihwagen.

Frau S.: Sie sagen, dass Sie Ihren Kindern die Insel zeigen wollen. Was halten Sie davon, dafür einen Leihwagen zu buchen? *Pause.*

Herr P.: Das machen wir dann vor Ort.

An dieser Stelle wären wohl viele Verkäufer wieder aus dem Verkaufsgespräch ausgestiegen. Der Kunde hat schließlich „nein" gesagt. Nicht so Frau S., für sie ist das Nein des Kunden jetzt eine Herausforderung zu zeigen, was sie drauf hat. Voraussetzung dafür ist natürlich, dass ihr jetzt die richtigen Fragen einfallen – das haben wir im Rahmen der Seminarreihe intensiv geübt.

Frau S.: Wissen Sie, welchen Vorteil Sie hätten, wenn Sie den Leihwagen gleich jetzt bei mir mitbuchen?

Herr P.: Nein, eigentlich nicht.

Frau S.: Ihr Wunschauto wird Ihnen ohne Extrakosten ins Hotel gebracht und von dort wieder abgeholt, Sie sind ohne Selbstbehalt rundum abgesichert und haben Ihren Mietvertrag in deutscher Fassung. Außerdem kommt es vor, dass die Leihwagen vor Ort in der Hochsaison ausgebucht sind.

Herr P.: Ja, da haben Sie eigentlich Recht ... *(an seine Frau gerichtet):* Gaby, was glaubst du denn, wie lange wir ein Auto zur Verfügung haben sollten? ...

Jetzt geht es nur mehr um Details, der Zusatzverkauf Leihwagen wird finalisiert.

Insgesamt hat das Gespräch keine 15 Minuten gedauert, und ich hatte nicht das Gefühl, dass irgendetwas gefehlt hätte. Die Verkäuferin hat sich nicht darauf eingelassen, Angebote zu zeigen, bevor das Kaufmotiv der Kunden klar geworden war. Sie hat dann nur zwei Alternativen angeboten, was ich als durchaus ausreichend empfunden habe. Am Schluss hat sie noch beim Zusatzverkauf ihre rote Linie überschritten und technisch sauber den Leihwagen mitverkauft. Ich hatte ein ausgezeichnetes Verkaufsgespräch miterlebt.

Fragen für die Motivforschung im Reisebüro

Fakten abklären:

- Wann wollen Sie verreisen?
- Wohin soll die Reise gehen?
- Wie viele Personen?
- Welches Verkehrsmittel wollen Sie nutzen?
- Welche Art von Unterkunft bevorzugen Sie?
- Welche Art von Verpflegung bevorzugen Sie?
- Welches Budget steht zur Verfügung?
- Was möchten Sie unternehmen (Abenteuer/Sport/Ausflüge/Führungen)?

Auf Erfahrungen aufbauen:

- Wo waren Sie im letzten Jahr?
- Welche Art von Urlaub war das?
- Was hat Ihnen besonders gut gefallen?
- Was hat Ihnen dabei nicht so gefallen?
- Wollen Sie wieder in diese Region?

Träume wahr werden lassen:

- Worauf legen Sie im Urlaub besonderen Wert?
- Was möchten Sie im Urlaub erleben?
- Was möchten Sie nicht erleben?
- Wo wollten Sie schon immer einmal hin?
- Was halten Sie von einer Kreuzfahrt (einer Fernreise, einer Studienreise etc.)?
- Waren Sie schon einmal in ...?
- Möchten Sie einmal etwas ganz anderes tun/erleben? Was?

Beispiel 4: Fondssparen

Die Motivforschung zum Thema Fondssparen möchte ich als Beispiel für den Verkauf von Produkten anführen, die aus verschiedenen Gründen in eine Krise in der Bewertung durch den Kunden gekommen sind. Für das Unternehmen ist es wichtig, die Produkte so zu adaptieren, dass sie in eine neue (schwierigere) Zeit passen. Für den Verkäufer ist es wichtig, die zu erwartenden Einwände der Kunden bei der Ansprache dieses Produktes im Vorhinein zu kennen und entsprechende Antworten und Lösungen parat zu haben.

Investment in Fonds war bei den Kunden über Jahre hinweg eine äußerst beliebte Form der Geldanlage. Die Börsen boomten, und schon nach kurzer Zeit wurden große Gewinne ausgewiesen. Den Kunden ist zwar (hoffentlich) während des Beratungsprozesses gesagt worden, dass es sich dabei um eine Form der Geldanlage handelt, deren Gewinne nicht garantiert werden können. Die schönen bunten Charts, die die Performance einer bestimmten Fondsanlage in den letzten Jahren abbildeten, haben aber letztlich doch viele Kunden davon überzeugt, dass diese Form der Geldanlage die richtige für sie ist.

Jahrelang ging dann auch wirklich alles gut. Die Börsen boomten weiter, und die Kunden freuten sich über satte Gewinne. Mit einem Knall veränderte sich die Situation schlagartig, und das schon lange vor der derzeitigen Finanzkrise. Nach dem Anschlag auf das World Trade Center im September 2001 brachen die Börsen plötzlich gewaltig ein. Ein Kunde, der irgendwo einhunderttausend Euro in Fonds veranlagt hatte, sah plötzlich nur noch die Hälfte davon als Guthaben auf seinem Kontoauszug stehen.

Die Börsen erholten sich zwar wieder, doch viele Kunden hatte mit ihrer Fondsanlage eine Menge Geld verloren, und damit war dieses Produkt plötzlich negativ besetzt. Die Unternehmen reagierten auf diese Situation mit so genannten „Garantieprodukten". Damit wird dem Kunden vertraglich zugesichert, dass er kein Geld verlieren kann, dafür wird aber das Unternehmen an möglichen Gewinnen stark beteiligt, sodass der Kunde auch bei einer guten Entwicklung seiner Fondsanlage keine satten Gewinne macht. Das Thema „Geld verlieren mit Fondsanlagen" wäre damit aber vom Tisch, und es gäbe genug Kunden, die sich für eine solche Sparform entscheiden würden, wenn sie wüssten, dass es sie gibt. Denn mehr als ein Sparbuch sollte auch ein Investment in einen Fonds abwerfen, bei dem man kein Geld verlieren kann.

Im Rahmen eines Beratungsprozesses eines Finanzdienstleisters wurde genau dieses Thema bearbeitet. Es ging darum, die richtigen Fragen zu finden, damit den Kunden solche Garantiefonds schmackhaft gemacht werden können. In dem Beratungsprozess waren die Fragen ausformuliert und mit der Verkäufermannschaft trainiert worden. Ich hatte dann die Gelegenheit, bei einigen Kundengesprächen zur Qualitätssicherung dabei zu sein. Eines dieser Gespräche möchte ich im Folgenden darstellen. Es handelt sich um ein Kundengespräch eines Mitarbeiters (Herr F.) eines Finanzdienstleisters. Herr F. besuchte einen Kunden, den er schon seit mehreren Jahren betreute. Der Anlass des Besuches war das Abschließen eines Bausparvertrags, was reibungslos funktionierte. Wir steigen nun an der Stelle in das Verkaufsgespräch ein, an der es darum geht, auf das Produkt Fondssparen überzuleiten.

Herr F.: Jetzt haben wir also den Bausparvertrag abgeschlossen. Ich habe da aber noch eine Frage an Sie: Was halten Sie vom Fondssparen?

Kunde: Davon halte ich gar nichts. Ich kenne viele Leute, die mit solchen Sparformen in letzter Zeit einiges Geld verloren haben.

An dieser Stelle wären wohl viele Verkäufer wieder aus dem Verkaufsgespräch ausgestiegen. Der Kunde hat sich eindeutig negativ geäußert. Viele Verkäufer lassen das Thema dann lieber bleiben, bevor sie sich womöglich noch weitere Probleme einhandeln. Mit dem Nein des Kunden beginnt die

Herausforderung aber erst. Voraussetzung ist jedoch, dass der Verkäufer den weiteren Verlauf des Gesprächs technisch beherrscht und wie selbstverständlich die nächste richtige Frage stellt.

Herr F.: Nehmen wir trotzdem mal an, Sie würden Geld in einen Fonds veranlagen. Unter welchen Voraussetzungen würden Sie das tun?

Kunde: Ich dürfte kein Geld verlieren, das wäre eine wichtige Voraussetzung.

Herr F.: Was wäre für Sie noch wichtig?

Kunde: Es dürften keine versteckten Kosten entstehen.

Herr F.: Verstehe. Was wäre für Sie noch wichtig?

Kunde: Ich müsste jederzeit auf mein Geld zugreifen können.

Herr F.: Gut, was fällt Ihnen noch ein?

Kunde: Die Verzinsung muss natürlich auch interessant sein.

Herr F.: Was heißt interessant für Sie?

Kunde: In Zeiten wie diesen muss man sich ja schon mit fünf bis sechs Prozent Zinsen zufriedengeben.

Herr F.: *(Er hat die Aussagen des Kunden in Stichpunkten mitgeschrieben und sieht nun auf seinen Handzettel.)* Wenn ich Sie richtig verstanden habe, dann wollen Sie kein Geld verlieren, Sie hätten gerne fünf bis sechs Prozent Zinsen, Sie möchten jederzeit auf das Geld zugreifen können und Sie wollen, dass keine „versteckten" Kosten entstehen?

Kunde: Ja, das habe ich gesagt.

Herr F.: Nehmen wir an, ich habe da etwas für Sie, das genau diesen Kriterien entspricht. Sind sie dann interessiert? *(Pause.)*

Kunde: Dann zeigen Sie mal her …

Herr F.: *(Stellt in groben Zügen zwei Garantieprodukte vor.)* Herr Kunde, welches von beiden gefällt Ihnen besser? *(Pause.)*

Kunde: Das erste gefällt mir tatsächlich sehr gut.

Im Folgenden gab es noch ein paar Rückfragen, ob denn wirklich alles so sei, wie es besprochen worden ist. Dann wurde ein Betrag genannt, der veranlagt werden sollte, und das Geschäft schließlich abgeschlossen.

Was immer Sie verkaufen, Produkte haben mal mehr Sympathie beim Kunden, mal weniger. Oft stimmt das Gefühl des Kunden nicht damit überein, was ein Produkt tatsächlich leisten kann. Schnell entstehen Vorurteile der Kunden, an die sich die Verkäufer gerne anschließen, nach dem Motto: Meine Kunden kaufen eben keine Fonds mehr. Die Herausforderung für den Verkäufer besteht in dieser Situation darin, die Vorteile eines Produktes für sich aufzulisten und den Kunden damit zu beschäftigen. Das heißt nicht, dass Sie dem Kunden die Vorteile erklären, sondern den Kunden fragen, was für ihn wichtig ist. Der Kunde soll sich das Produkt ja selbst verkaufen. Wenn dem Kunden nichts einfällt, dann können Sie ihm immer noch auf die Sprünge helfen (Wie wichtig ist es für Sie, bei einem Fonds garantiert kein Geld zu verlieren? Welche Zinserträge erwarten Sie vom Fondssparen?).

Wenn Sie gerade diese Zeilen lesen, dann machen Sie sich doch einmal die Mühe, Vorteile eines Produktes aufzulisten, das Sie momentan nicht so gut verkaufen. Überlegen Sie sich auch die entsprechenden Fragen, die Sie Ihren Kunden in diesem Zusammenhang stellen können. Sie werden sehen, wie schnell sich der Verkaufserfolg einstellen wird.

Anhand von vier Beispielen habe ich Ihnen das Erforschen von Kaufmotiven gezeigt. Nun sind Sie aufgefordert, diese Grundlagen auf die Branche zu übertragen, in der Sie arbeiten. Überlegen Sie sich in Ruhe Einstiegs- und Vertiefungsfragen, die geeignet sind, die Motivlagen Ihrer Kunden auszuloten. Wenn Sie diese Fragen in der Praxis einsetzen, werden Sie erleben, wie rasch es gelingt herauszufinden, was wirklich genau zu diesem Kunden passt.

6. Einwandbehandlung

In fast jedem Verkaufsgespräch bringt der Kunde Einwände vor. Dies bedeutet aber nicht, dass der Kunde das Produkt nicht kaufen will. Viel mehr geht es ihm darum, auf seine offenen Fragen jene Antworten zu bekommen, die ihn überzeugen, das richtige Produkt ausgesucht zu haben.

Der Einwand des Kunden ist der „Missing Link“ zwischen dem Entstehen des Kaufmotivs und der endgültigen Kaufentscheidung. Wenn der Kunde durch den Einwand deutlich macht, dass er nicht kaufen will, dann ist in der Phase der Motivforschung etwas falsch gelaufen. Wenn aber die Motivforschung gelungen ist, zeigt uns der Einwand, dass der Kunde einfach noch Zeit braucht, um zu begreifen, dass er jetzt seine Kaufentscheidung getroffen hat, die er schon lange hinausgeschoben hatte.

Einwände stellen für Verkäufer oft eine Bedrohung dar: „Wir waren bereits so knapp vor dem Abschluss, dann brachte der Kunde plötzlich eine Reihe von Einwänden.“ Der Einwand des Kunden lässt in uns eine „Urangst“ aufkeimen: die Angst vor dem Nein. Diese Angst kann jedoch überwunden werden: mit einem hohen Maß an Frustrationstoleranz und der Entschlossenheit, auch dann weiterzumachen, wenn es aussichtslos erscheint.

Einwandbehandlung

Einwände sind ein Signal des Kunden, dass er mit Ihnen kommunizieren will.

Verhalten:

- Nehmen Sie den Einwand des Kunden ernst!
- Formulieren Sie den Einwand in ein Verkaufsargument um!

Im allerbesten Telefonat, im allerbesten Verkaufsgespräch erleben wir mitunter das Nein des Kunden. Aus welchem Grund auch immer. Der Kunde will zu diesem Zeitpunkt keinen Termin mit uns vereinbaren bzw. in diesem Gespräch keinen Abschluss tätigen.

Genau aus diesem Grund ist es wichtig, dass wir nicht nach zwei bis drei Telefonaten schon wieder aufhören und unsere Ansicht bestätigt sehen, wie schwierig es ist, am Telefon Termine zu vereinbaren. Es geht nie darum, im ersten Gespräch schon einen Termin zu bekommen. Es geht darum, dass wir eine Zeitlang telefonieren, und dann werden sich die Termine automatisch einstellen – vielleicht erst im vierten, siebenten, achten oder vierzehnten Telefonat usw.

Frustrationstoleranz ist immer dann leichter auszuhalten, wenn es gelingt, den Beruf „Verkäufer" als eine Rolle zu sehen, die zwar einen Teil unserer Persönlichkeit ausmacht, aber eben nur einen Teil. Wir neigen schnell dazu, uns als gesamte Person abgelehnt zu fühlen, wenn wir in der Rolle Verkäufer eine schlechte Erfahrung gemacht haben.

Stellen wir uns folgende Situation vor: Ein Kunde, der von Ihrem Unternehmen schon lange nicht mehr betreut worden ist, wird Ihnen zur Betreuung zugeteilt. Sie besuchen den Kunden und sind möglicherweise mit einem verärgerten Menschen konfrontiert, der sich von Ihrem Unternehmen in der letzten Zeit zu Recht schlecht betreut fühlt.

Dieser Kunde lässt nun seinen Ärger an Ihnen aus, obwohl es ganz egal ist, welcher Vertreter des Unternehmens ihm gerade gegenübersitzt. Der Kunde sieht nur den Vertreter des Unternehmens, das ihn jahrelang stiefmütterlich behandelt hat. Diese Ablehnung hat also mit Ihnen als Person überhaupt nichts zu tun. Wenn Sie die Ablehnung jedoch persönlich nehmen, dann reagieren Sie betroffen und sind nicht mehr handlungsfähig. Nur wenn es gelingt, die Trennung zwischen „Person“ und „Rolle“ zu praktizieren, werden wir auch bei einem Nein handlungsfähig bleiben.

Ein Vergleich aus dem Sport gefällt mir in diesem Zusammenhang besonders gut: Der Kunde steckt mit seinen Einwänden eine „Slalomstrecke“ ab und beobachtet uns, wie gut wir die Tore umfahren. Man kann alle Tore bewältigen, man kann aber auch ausscheiden.

Ein Einwand des Kunden, der nicht wirklich bearbeitet werden kann, bedeutet das Ende des Verkaufsgesprächs. Der Kunde spürt, dass da etwas „nicht stimmt“. Der Einwand, den Sie nicht behandeln können, macht Sie still. Der Kunde führt plötzlich das Gespräch, allerdings in eine Richtung, die uns als Verkäufer überhaupt nicht passt. Deswegen ist es notwendig, dass wir die Kundeneinwände und die Entgegnungen dazu parat haben, bevor wir den Kunden besuchen bzw. bevor er zu uns kommt.

Einwandbehandlung setzt voraus, dass wir die Einwände der Kunden kennen und ebenso die entsprechenden Lösungen bereithalten.

Dann können wir die Bearbeitung von Einwänden als Herausforderung sehen, bei der wir zeigen können, wie professionell wir im Verkauf sind, und nicht als Zeichen dafür, dass der Kunde uns bzw. das Produkt nicht will.

In jeder Branche gibt es Standardeinwände, deren Behandlung uns im Schlaf einfallen muss – wie unser Name oder unser Geburtsdatum. Wenn wir auf Einwände stoßen, die neu für uns sind, dann muss uns wenigstens die nächste Frage einfallen, die wir stellen, um genau herauszufinden, was der Kunde uns mit diesem Einwand sagen will. Nehmen Sie die neuen Einwände und Ihre passenden Antworten in Ihr „automatisiertes" Repertoire auf.

7. Einwand oder Vorwand?

Oft sind wir uns nicht sicher, ob wir mit einem echten Kundeneinwand oder nur mit einem Vorwand konfrontiert sind. Sehen wir uns folgendes Beispiel aus dem Bereich Versicherung an:

Einwand oder Vorwand?

Kunde: „Ich habe kein Geld ..."

Kontrollfrage Verkäufer: „Angenommen, Sie wären in der Lage, den monatlichen Beitrag von ... Euro aufzubringen. Würden Sie sich dann für diese Vorsorgeform entscheiden?"

Antwort Kunde: „Ja" = Einwand!
Verkäufer bietet einen geringeren Betrag oder ein alternatives Produkt an!

Antwort Kunde: „Nein" = Vorwand!
Verkäufer: „Fein, dass Sie mir das so offen sagen. Was spricht aus Ihrer Sicht gegen diese Form der Vorsorge?"

Der Verkäufer hat mit dem Kunden über das Thema Altersvorsorge gesprochen. Der Kunde hat „plötzlich" kein Geld mehr. Nun gilt es herauszufinden, ob es sich bei dieser Aussage des Kunden um einen Einwand oder um einen Vorwand handelt, um anschließend passend weiter argumentieren zu können.

Der Kundeneinwand kann entkräftet werden. Der Vorwand ist ein Signal für uns, dass sich der Kunde noch nicht ganz geöffnet hat. Er hat noch kein Kaufmotiv, wir stehen also noch immer ganz am Anfang der Beratung.

Der Vorwand ist auch oft das Zeichen dafür, dass der Kunde noch gar nicht weiß, wie er diesen oder jenen Produktvorteil für sich nutzen kann.

Beispiel 1 – Möbelhandel

Verkäufer: Kann ich Ihnen helfen?

Kunde: Ich sehe mich nur um!

Verkäufer: Angenommen, wir finden etwas, das genau zu Ihnen passt, würden Sie dann heute hier etwas kaufen?

Kunde: Nein!

Verkäufer: Darf ich Sie fragen, warum Sie jetzt in dieses Geschäft gekommen sind?

Kunde: Weil ich gerade etwas Zeit habe.

Verkäufer: Sie stehen in der Abteilung Kinderbetten.

Kunde: Ja, wir werden demnächst das Kinderzimmer neu einrichten. Aber da muss meine Frau unbedingt dabei sein.

Verkäufer: Darf ich Ihnen ein paar Prospekte mitgeben, damit Sie mit Ihrer Frau zu Hause in Ruhe unsere Angebote studieren können?

Kunde: Ja, gerne.

Verkäufer: Worauf legen Sie und Ihre Frau bei der neuen Ausstattung des Kinderzimmers besonderen Wert?

In diesem Beispiel sehen wir einen Kunden vor uns, der sich in einem Geschäft die Zeit vertreibt und am liebsten von niemandem angesprochen werden will. Für den Verkäufer ergibt sich aber die Frage, warum sich der Kunde nicht in einem Park, sondern in einem Möbelhaus die Zeit vertreibt. Noch dazu in einer Abteilung, in der sich Männer ohne ein echtes Kaufmotiv kaum aufhalten.

Die Herausforderung für den Verkäufer besteht darin, dem Kunden den Grund zu entlocken, warum er sich gerade in dieser Abteilung befindet. Das ist bei diesem Beispiel gelungen.

Auch wenn die Kaufentscheidung an die Frau delegiert wird, nimmt der Kunde zumindest Prospekte mit, die seinen Vorstellungen und den Vorstellungen seiner Frau für die Umgestaltung des Zimmers entsprechen.

Die Wahrscheinlichkeit, dass der Kunde mit seiner Frau in den nächsten Tagen wieder genau in dieser Abteilung vorbeischauen wird, ist sehr groß.

Nebenbei bemerkt: Die Frau wird das Interesse des Mannes für die Umgestaltung des Kinderzimmers zumindest im Stillen würdigen und ihn gerne dorthin begleiten, wo er sich erkundigt hat.

Beispiel 2 – Boutique

Der Chef einer Boutique wird von einem Vertreter für Herrenanzüge besucht. Nach der Produktpräsentation sagt er:

Kunde: Ich kann mir nicht vorstellen, dass Sie diesen Preis halten können!

Verkäufer: Nehmen wir an, ich kann Ihre Zweifel restlos beseitigen, kommen wir dann heute ins Geschäft?

Kunde: Nein!

Verkäufer: Dann gibt es wohl noch ein anderes Problem, das wir noch nicht besprochen haben. Können Sie mir sagen, was es ist?

Kunde: Ich habe mit der Firma XY für die nächsten drei Jahre eine fixe Liefervereinbarung.

Verkäufer: Aus welchem Grund haben Sie mir trotzdem einen Termin gegeben?

Kunde: Weil ich mit dieser Firma eigentlich nicht mehr zufrieden bin. Die Qualität der Ware hat nachgelassen.

Der Verkäufer weiß nicht, dass der Kunde im Stillen immer an den Vertrag mit dem Lieferanten denkt, an den er noch gebunden ist. Wie gut der Verkäufer auch immer präsentieren wird, der Kunde wird sich aus diesem Grund nicht aus der Reserve locken lassen. Er bleibt auf der Ebene des Vorwandes haften.

Als der Verkäufer die Situation erkennt und anspricht, kommen wir dem eigentlichen Kern des Problems schon einen Schritt näher.

Wenn der Verkäufer jetzt einen Vorschlag präsentiert, wie es dem Kunden gelingen kann, zumindest teilweise aus dem Liefervertrag auszusteigen, hat er mit Sicherheit einen neuen Kunden gewonnen.

Da der Verkäufer auch selbst Lieferant ist, hat er dazu bestimmt ein paar Ideen.

Beispiel 3 – Autohandel

Der Kunde spaziert durch den Schauraum und bleibt längere Zeit vor einem Auto stehen.

Verkäufer: Interessiert Sie dieser schöne Wagen?

Kunde: Ja, der Wagen ist sehr schön!

Verkäufer: Wollen Sie sich einmal hineinsetzen?

Kunde: Nein, ich warte nur, bis bei meinem Wagen die Reifen gewechselt sind.

Verkäufer: Welchen Wagen fahren Sie gerade?

Kunde: Einen Passat, der ist erst drei Jahre alt und noch in einem sehr guten Zustand.

Verkäufer: Was glauben Sie, wie viel Sie monatlich zahlen müssen, wenn Sie Ihren Passat hier lassen und mit diesem neuen Audi wegfahren?

Kunde: Keine Ahnung. Aber ich denke momentan nicht an ein neues Auto.

Verkäufer: Darf ich Ihnen etwas ausrechnen?

Kunde: Ja, wenn es schnell geht!

Diese Situation kommt Ihnen sicherlich bekannt vor. Um Wartezeiten während der Reparatur des Wagens zu überbrücken, streifen wir durch die Ausstellungsräume und sehen uns die Autos an. Wir tun das, auch wenn wir in den nächsten drei Jahren mit Sicherheit kein neues Auto kaufen werden. Ist die Aussage des Kunden nun ein Vorwand oder nicht?

Der Verkäufer stellt genau die richtige Frage. Durch die Antwort des Kunden erfährt er, dass sich der Kunde in einem qualitativ höheren Segment von Autos umsieht, als er es momentan selbst nutzt.

Der Kunde will sich zwar noch nicht in das Auto setzen, denn er hat noch kein Kaufmotiv. Trotzdem lässt er sich auf das Rechenbeispiel ein und wird damit von der Ebene des „Vorwandes" auf jene des „Einwandes" gehoben.

Denn nach dem Rechenbeispiel werden sich die beiden über Preise, Raten, Zahlungsbedingungen und Ähnliches unterhalten, aber kaum mehr über die Frage, ob der Kunde sich prinzipiell für dieses Auto interessiert.

Beispiel 4 – Autor sucht Verlag

Die Entscheidung, dieses Buch zu schreiben, ist im Laufe meiner mehrjährigen Tätigkeit als Verkaufstrainer gereift. Die Herausforderung, dass es möglich sein muss, ein Buch zu schreiben, das so praxisbezogen ist, dass die Verkäufer das darin vermittelte Know-how sofort in ihre tägliche Praxis umsetzen können, hat mich nicht mehr losgelassen.

Parallel zur Entstehung dieses Buches begann ich, mir für die Veröffentlichung einen Verlag zu suchen.

Die Korrespondenz erfolgte größtenteils per E-Mail. Im Folgenden möchte ich ein Beispiel beschreiben, das sehr gut in dieses Kapitel passt.

E-Mail des Autors:	(...) In knapper Form werden der Inhalt des Buches und der Werdegang des Autors beschrieben.
Antwort des Verlags:	... haben uns sehr gefreut, dass Sie uns dieses Buch zur Veröffentlichung anbieten ... *wir sind gerade dabei, andere Prioritäten abzuarbeiten* und melden uns dann bei Ihnen.
E-Mail des Autors:	Nehmen wir an, ich kann Sie in einem persönlichen Gespräch davon überzeugen, dass mein Buch ein Bestseller wird. Wird dieses Projekt für Sie dann eine A-Priorität?
Antwort des Verlags:	... danke, dass Sie sich sofort wieder gemeldet haben. Wir möchten Sie aber nochmals darauf hinweisen, dass wir aufgrund der starken Auslastung unserer Mitarbeiter mit laufenden Projekten zum jetzigen Zeitpunkt Ihrem Projekt noch nicht näher treten können. Wir werden uns aber zur gegebenen Zeit mit Ihnen in Verbindung setzen.

Der Verlag hat ganz einfach kein Interesse. Über die Gründe können wir an dieser Stelle nur spekulieren. Da aber wohl jeder Verlag einen Bestseller auf den Markt bringen will, ist die Argumentation mit den „Prioritäten" eindeutig als Vorwand zu werten. In einem solchen Fall ist jede weitere Aktion oder Frage vergebens und Zeitverschwendung.

In allen vier Beispielen werden Aussagen des Kunden angeführt, die vorerst einmal stark nach Vorwand „riechen". Die Herausforderung des Verkäufers besteht nun darin, durch geschickte Fragen festzustellen, ob es sich wirklich um einen „Vorwand" oder nur um einen „Einwand" handelt. Einwände haben die Eigenschaft, dass sie bearbeitet werden können, bei Vorwänden tun wir uns schon viel schwerer.

Die Klärung ist aber im Verkauf sehr wichtig, weil der „Vorwand" des Kunden so schwer zu „knacken" ist, dass damit oft vergebene „Liebesmüh" verbunden ist. In solchen Situationen ist es sinnvoller, die Energie für einen anderen Kunden zu verwenden, es sei denn, es gelingt, den Kunden aus dem Vorwand „herauszuholen" und ihn auf die Ebene des Einwandes zu bringen, wie es zum Beispiel dem Autoverkäufer in vorbildlicher Weise gelungen ist. Denn mit dem Einwand können wir als Verkäufer weiterarbeiten.

„Vorwände" des Kunden können alle möglichen Gründe haben. Im Folgenden einige Beispiele:

- Der Kunde wird von seinem Schwager, der bei einem Konkurrenzunternehmen beschäftigt ist, betreut. Er möchte sich im Gespräch mit Ihnen nur vergewissern, dass ihn sein Schwager auch wirklich gut betreut. Diesem Kunden werden Sie wahrscheinlich nie etwas verkaufen.
- Ebenso nicht dem Kunden, der bei einem Konkurrenzunternehmen eine Ware gekauft hat, die seinen Anforderungen nicht wirklich entspricht. Da aber die Umtauschfrist schon abgelaufen ist, erkundigt er sich nun voll inneren Zorns am Markt, was er eigentlich alles versäumt hat.
- Oder der „Häuslebauer", der sich über die Verlegetechnik des Bodens auf Ihrer Hausmesse deshalb so gründlich erkundigt, weil er den Boden im Ausland schon billig gekauft hat und ihn nun selbst verlegen will.

Zwischen Kunden und „Pseudo-Interessenten" zu unterscheiden ist besonders auf Messen schwierig. Immer wenn Sie einen persönlichen Beratungstermin beim Kunden zu Hause vorschlagen und der Kunde nicht darauf eingeht, können Sie davon ausgehen, dass er nicht bei Ihnen kaufen will.

Eine genaue Kundeneinschätzung ist in manchen Branchen besonders wichtig. Immobilienmakler fahren oft viele Kilometer mit Kunden und zeigen ihnen Objekte, die aus vielerlei Gründen gar nicht zum Kunden passen. Unter der Devise: „Wenn der Kunde das sieht, wird es ihm schon gefallen" wird erst einmal etwas gezeigt. Wenn Sie dem Kunden bereits in der Erhebungsphase die richtigen Fragen stellen, wird sich dieser sinnlose Aufwand in vielen Fällen vermeiden lassen.

Peter: Martin, gehen wir heute Abend zusammen aus?

Martin: Tut mir leid, heute kann ich nicht!

Bleiben wir noch kurz beim Thema Vorwand, das uns auch aus dem Privatleben gut bekannt ist.

Natürlich kann Martin, wenn er will. Er möchte aber lieber mit Lisa fortgehen. Eine faule Ausrede, die wir sofort durchschauen.

Ebenso verhält es sich mit den Absagen nach Stellenbewerbungen, in denen Herr Müller zwar „grundsätzlich" den Anforderungen „entsprochen hätte", man ihn aber aufgrund „der Vielzahl von Bewerbungen" nicht „berücksichtigen" konnte. Na ja.

Fassen wir kurz zusammen: Der Vorwand ist das „K.-o.-Kriterium" jedes Verkaufsgesprächs. Entweder, es gelingt uns, den Vorwand zu hinterfragen und den Kunden damit für das Verkaufsgespräch zu öffnen, oder wir wenden unsere Energie besser einem anderen Kunden zu.

8. Einwänden souverän begegnen

Kunden interessieren sich für unsere Produkte, sie haben aber noch offene Fragen, Wünsche oder Bitten, die sie durch ihre geäußerten Einwände ausdrücken.

Der Einwand ist selten ein Zeichen dafür, dass der Kunde nicht kaufen will. Der Einwand ist vielmehr ein Signal dafür, dass entweder noch nicht alles besprochen worden ist oder der Kunde sich in seinem Inneren erst damit anfreunden muss, dass er in wenigen Minuten einen Vertrag unterschreibt bzw. das Geld für die Ware an der Kasse zahlen wird.

Einwandbehandlung

- Behandeln Sie Einwände nie mit Gegenargumenten, daraus entsteht schnell ein Streitgespräch.
- Hören Sie bei Einwänden genau zu und analysieren Sie die Hintergründe: Wie meinen Sie das genau ...? Woher stammt diese Information ...?
- **Danken Sie dem Kunden für den Einwand und wandeln Sie diesen in ein Verkaufsargument um.**
- Sammeln Sie die Einwände Ihrer Kunden und überlegen Sie in Ruhe, wie Sie beim nächsten Mal damit umgehen.

! *Wer Einwände vorbringt, hat sich mit der Sache beschäftigt.*

Einwände sind immer ein Zeichen, dass der Kunde an der Sache Interesse hat. Sonst würde er mit Ihnen gar nicht darüber sprechen. Er ist sich aber noch nicht ganz sicher, es plagen ihn noch Bedenken.

Ihre Aufgabe als Verkäufer ist es nun, diese Bedenken auszuräumen, sodass der Kunde sich ganz sicher ist, das richtige Produkt gekauft zu haben.

Die Angst vor Einwänden ist völlig unbegründet und hat mit unserer frühkindlichen Erfahrung zu tun, Ablehnung zu vermeiden. Den Einwand des Kunden interpretieren wir dann fälschlicherweise sofort als Zeichen, er will „es" oder, noch schlimmer, „mich" nicht.

Einwände lösen Angst aus, weil ...

- es uns oft nicht gelingt, den Einwand in ein Verkaufsargument umzuwandeln!
- wir uns im Verkaufsgespräch nicht blamieren wollen!
- wir möglicherweise unser Ziel nicht erreichen werden!
- der Kunde plötzlich das Gespräch führt!
- wir die Provision schon ausgegeben haben!

Seien Sie doch froh, wenn der Kunde Einwände äußert, denn nur so ist sichergestellt, dass alle Fragen des Kunden beantwortet werden, bevor er die Kaufentscheidung trifft. Ist das nicht der Fall, ist die Folge oft der „Umtausch" oder der „Rücktritt" vom Vertrag, weil beim Kunden eine „Kaufreue" eintritt.

Voraussetzung dafür, dass Sie sich auf die Einwände des Kunden freuen können, ist natürlich, dass Sie die entsprechenden Lösungen im Kopf haben. Denn dann kann Ihnen eigentlich gar nichts passieren – im Gegenteil: Der Kunde erlebt Sie als Profi im Verkauf.

Einwände sind unsere Chance, weil ...

- wir zeigen können, dass wir unsere Aufgabe – verkaufen – professionell beherrschen!
- der Kunde erlebt, wie seine Bedenken in ein Kaufmotiv umgewandelt werden!
- wir durch die Einwandbehandlung das Gespräch in die richtige Richtung steuern können!
- wir uns durch die Einwandbehandlung als Profi im Verkauf ständig weiterentwickeln können!

! *Behandeln Sie Einwände nie mit Gegenargumenten, daraus entsteht schnell ein Streitgespräch.*

Die Verlockung für uns, die oft weit hergeholten Einwände des Kunden protzig zu kommentieren, ist vor allem dann groß, wenn der Kunde sie aggressiv vorgetragen hat.

Beim Streitgespräch mit dem Kunden hat aber noch nie ein Verkäufer gewonnen. Denken Sie immer daran: Es geht für uns nicht darum, einen Streit zu gewinnen, sondern einen Kunden.

Was immer der Kunde sagt, er hat zumindest vorerst einmal Recht. Das sollten wir deutlich zum Ausdruck bringen.

Wenn der Kunde im Schadensfall schlechte Erfahrungen mit Ihrer Versicherung gemacht hat, dann ist das für ihn die Realität. Wenn der Kunde glaubt, dass das lästige Geräusch an seinem Auto trotz der teuren Reparatur noch nicht ganz verschwunden ist, dann ist das für ihn ebenso Realität.

Es geht darum, einen Kunden zu gewinnen oder zu halten. Voraussetzung dafür ist prinzipiell, dass Sie sich nicht auf die Ebene des Kunden begeben und „mit dem Kunden streiten", sondern Ihre Rolle als Verkäufer wahrnehmen. Das heißt, dass Sie mit dem „Fragenstellen" beginnen.

! *Hören Sie bei Einwänden genau zu und analysieren Sie die Hintergründe: Wie meinen Sie das genau ...? Woher stammt diese Information ...?*

Wenn Sie die Hintergründe erforschen, fühlt sich der Kunde zunächst einmal ernst genommen, er kann sich gegebenenfalls sogar „Luft machen". Dadurch wird aber auch sein Kopf frei für die nächsten Fragen oder Argumente, die Sie aus dem Gesagten für ihn haben. Bieten Sie ihm immer eine Lösung oder Perspektive an.

Beispiel 1: Versicherung

Kunde: Im Schadensfall zahlen Sie doch nicht!

Verkäufer: Können Sie mir sagen, wo Sie diese Erfahrung gemacht haben?

Kunde: Bei meiner Nachbarin war vor ungefähr zwei Jahren ein Wohnungseinbruch, da hat Ihre Versicherung nur einen Teil des Schadens ersetzt.

Verkäufer: Diesen Sachverhalt können wir jetzt leider nicht gemeinsam klären, wir können aber dafür sorgen, Sie für einen solchen Fall optimal abzusichern. Was erwarten Sie denn von einer guten Versicherung für Ihr Heim?

Der Verkäufer nimmt den Kunden ernst, verweilt aber nicht zu lange auf einer Ebene, die nicht zielführend ist. Durch seine Frage bringt er den Kunden von der Geschichte, die einer anderen Person passiert ist, wieder dorthin zurück, wo es für den Kunden selbst interessant wird.

Beispiel 2 – Bank

Kunde: Auf meinem Girokonto werden andauernd unter irgendwelchen Titeln Spesen abgebucht. Da kann doch etwas nicht stimmen!

Verkäufer: Welche Art von Spesen meinen Sie genau?

Kunde: Da, sehen Sie sich die Buchungszeilen doch einmal genau an. Kontoführung, Quartalsabschluss, Überziehungsprovision ...

Verkäufer: Gut, dass Sie mich darauf ansprechen. Wir werden uns das sofort genau ansehen. Wir haben inzwischen auch neue Möglichkeiten von Pauschalierungen, die bestimmt genau zu Ihnen passen.

Das Schlimmste, was dem Kunden jetzt passieren könnte, ist, dass der Verkäufer ihm die einzelnen Titel genau erklärt, die Situation für den Kunden aber nicht verändert. Der Kunde hat das Gefühl, er zahlt zu viel. Der Verkäufer nimmt den Kunden ernst und sucht nach Möglichkeiten, ihn zufriedenzustellen. Wenn Sie an einem Bankschalter arbeiten, dann wissen Sie, dass es immer Möglichkeiten gibt, anfallende Gebühren flexibel zu gestalten.

Der Zusatz „neue Möglichkeiten" ist an dieser Stelle sehr wichtig, weil der Kunde sonst das Gefühl hat, bisher übervorteilt worden zu sein.

! *Danken Sie dem Kunden für den Einwand und wandeln Sie diesen in ein Verkaufsargument um.*

Wenn Sie Formulierungen verwenden wie „Gut, Herr Kunde, dass Sie mir das sagen ..." oder „Danke, Herr Kunde, dass Sie mich darauf hinweisen ...", spürt der Kunde, dass Sie seinen Einwand und damit ihn als Person wirklich ernst nehmen. Er spürt auch, dass seine Fragen und Sorgen keinesfalls ungewöhnlich sind, sondern dass diese Fragen bereits von anderen Kunden vorgebracht wurden.

Zwischen „Ich verstehe Sie, Herr Kunde“ und der „Umwandlung des Einwandes in einen Vorteil für den Kunden“ liegen aber nur ein paar Zehntelsekunden. Sobald Sie mit dem Satz beginnen, muss Ihnen schon klar sein, wie es weitergeht. Das ist der Grund, warum die Automatisierung der Einwandbehandlung so wichtig ist. Wenn Sie jetzt zögern, merkt der Kunde, dass Sie sein Argument nicht ausräumen können. Wenn Sie den Einwand ignorieren, merkt der Kunde erst recht, dass etwas nicht stimmt.

Wenn Sie vorerst keine Antwort auf die Frage des Kunden wissen, können Sie sich nur „retten“, indem Sie die Antwort „verschieben“. „Das ist eine wichtige Frage Herr Kunde, auf die wir später noch zu sprechen kommen!“ Eleganter wirkt es aber, wenn Sie den Einwand gleich „behandeln“.

Mit der passenden Einwandbehandlung liefern Sie dem Kunden Argumente, die ihm helfen, seine Kaufentscheidung für sich selbst, aber auch gegenüber anderen zu rechtfertigen.

Der Kunde hat den Fernseher gekauft, der mehr gekostet hat, als er ursprünglich ausgeben wollte. Vielleicht viel mehr. Aber jedes Mal, wenn er die Funktionen des Fernsehers benutzt, wird er an Sie und das gute Verkaufsgespräch denken.

Bei der Umwandlung des Einwandes in ein Kaufmotiv kommt es darauf an, den Kern der Aussage des Kunden genau zu treffen.

Beispiel 1 – Versicherung

Im Verkaufsgespräch geht es um eine private Altersvorsorge. Das Kaufmotiv ist klar, der Kunde will mit diesem Geld seine Hobbys im Ruhestand finanzieren. Da der Kunde zum Zeitpunkt des Abschlusses 35 Jahre ist, ergibt sich bis zum Rentenantritt eine Laufzeit des Vertrags von 30 Jahren.

Kunde: Die Laufzeit ist mir viel zu lang. Geht das nicht kürzer?

Verkäufer: Natürlich können wir eine kürzere Laufzeit vereinbaren, dann werden wir aber nicht das Sparziel erreichen, das Sie sich vorstellen. Darf ich Ihnen zeigen, wie viel Sie verlieren, wenn wir die Laufzeit nur um ein Jahr kürzer ansetzen?

Bei Zinseszinsrechnungen spielt die Laufzeit eine erhebliche Rolle. Die Verkürzung um ein Jahr hat eine Verringerung des Auszahlungsbetrages von mehr als fünf Prozent zur Folge. Jeder Kunde, der das „schwarz auf weiß" sieht, wird sich wahrscheinlich für die längere Laufzeit entscheiden.

Der Verkäufer, der die Behandlung dieses Einwandes nicht beherrscht, wird möglicherweise die Laufzeit dem Kundenwunsch entsprechend verkürzen. Aber hat er damit das Kaufmotiv des Kunden getroffen?

Beispiel 2 – Immobilien

Der Verkäufer steht mit dem Kunden in einer herrlichen Penthouse-Wohnung. Der Kunde und seine Familie sind sichtlich begeistert. Der Preis entspricht der Schönheit der Wohnung. Die Familie kann sich jedoch noch nicht entschließen.

Kunde: Ja, die Wohnung ist wirklich sehr schön. Wir werden uns das noch überlegen. Kann ich Sie nächste Woche anrufen?

Verkäufer: Natürlich können Sie mich anrufen. Aber ich schlage vor, wir überlegen uns das gemeinsam. Welche Fragen sind für Sie noch offen?

Kunde: Das ist doch eine große Investition.

Verkäufer: Ja, da haben Sie Recht. Sie wollten doch für Ihr Geld eine wirklich schöne Wohnung kaufen. Stehen wir momentan in Ihrer Traumwohnung?

Kunde: Ja, natürlich. Es ist eine große Entscheidung!

Verkäufer: Natürlich, nur ist die Entscheidung nächste Woche gleich groß bzw. vielleicht nicht mehr notwendig, weil die Wohnung schon verkauft wurde. Wenn ich mir das Verhalten Ihrer gesamten Familie ansehe, dann glaube ich, dass Sie diese Entscheidung schon längst getroffen haben.

Kunde: *(Zu seiner Familie gewandt.)* Sollen wir das jetzt fixmachen?

Frau und Kinder: Ja!

Das „Noch überlegen" ist Verkäufern aller Branchen bekannt. Grundsätzlich spricht nichts gegen das Überlegen. Die Gefahr besteht aber darin, dass der Kunde jetzt schon ein Kaufmotiv hat und inzwischen vielleicht woanders kauft bzw. darin, dass der Kunde so lange überlegt, bis das Angebot (Immobilie, Reise usw.) für ihn nicht mehr verfügbar ist.

Gerade beim Einwand „Überlegen" scheidet sich in der Zunft der Verkäufer die Spreu vom Weizen. Wir werden nicht jeden Kunden dazu motivieren können, sofort abzuschließen. Wir werden aber viele Kunden davon überzeugen können, wenn wir diesen Einwand ordentlich bearbeiten, so wie es in dem beschriebenen Beispiel geschehen ist.

In meinen Verkaufsseminaren, wenn die Teilnehmer schon ein bisschen Zeit gehabt haben, sich auf die Themen einzustellen, stelle ich folgende Frage:

Denken Sie an jene Verkaufsgespräche der letzten zwei Jahre, bei denen Sie nicht beim ersten Gespräch zum Abschluss gekommen sind. Bei wie viel Prozent dieser Gespräche hätten Sie mit einer geschickten Einwandbehandlung den Kunden zum Abschluss motivieren können?

Die Antwort liegt meist zwischen 25 und 50 Prozent!

Beispiel 3 – Verkaufstraining

Nach der Gründung meiner Firma hatte ich in vielen großen Unternehmen Termine zur Präsentation meines eigenen Unternehmens vereinbart. Der folgende Ausschnitt stammt aus einem Gespräch in der Zentrale einer großen Versicherung in Wien.

Kunde: Sie bieten also Verkaufstrainings an. Wir arbeiten aber seit Jahren mit einer großen Firma zusammen, die unseren gesamten Bedarf an Verkaufstrainings abdeckt.

Autor: Das ist gut, wenn Sie mit einer großen Firma eine gute Kooperation aufgebaut haben. Eine so große Anzahl von Seminaren könnten wir für Sie gar nicht durchführen. Wir sind allerdings im Bereich der Weiterbildung von Finanzberatern echte Spezialisten. Möchten Sie mehr darüber wissen?

Nach diesem Gespräch wurde mit dem Auftraggeber ein Pilotseminar vereinbart, dem eine ganze Seminarreihe folgte. Das Unternehmen zählt noch heute zu meinen zufriedenen Kunden. Der Kunde fühlte sich gut versorgt und war es wohl auch im Bereich von allgemeinen Verkaufsseminaren durch die Kooperation mit der großen Firma. Das Kaufmotiv entstand, nachdem eine Nische gefunden wurde, die in dem Unternehmen bisher noch nicht so gut abgedeckt wurde und für die ich in diesem Fall ein passendes Angebot hatte.

Beispiel 4 – Computer

In einem Verkaufsgespräch wurde entsprechend der Fragen des Verkäufers und der Antworten des Kunden ein passender Rechner gefunden. Verkäufer und Kunde stehen nun vor diesem Gerät.

Kunde: Ja, ich schau mich dann noch in anderen Geschäften um. Vielen Dank für die gute Beratung.

An dieser Stelle haben wir schon so manches gute Verkaufsgespräch beendet. Alles ist bisher gut gelaufen. Die Fragen des Verkäufers waren gut, der Kunde hat sein Kaufmotiv gespürt und auch das entsprechende Produkt gefunden. Der Preis ist zwar etwas höher, als der Kunde ursprünglich bereit war zu investieren, aber der budgetäre Rahmen des Kunden wurde damit nicht gesprengt. Alles klar, nur will der Kunde sich noch umsehen.

Diese Situation ist durch konsequente weitere Fragen in vielen Fällen zu retten. Denken wir an die „rote Linie“ und die entsprechenden Ausreden: „Der Kunde wollte sich noch am Markt umsehen.“ Die Wahrheit ist doch, dass wir die „rote Linie“ nicht überschritten und weiter gefragt haben. Denn sonst wäre das Verkaufsgespräch wahrscheinlich folgendermaßen weitergegangen:

Verkäufer: Gut, Sie wollen sich noch umsehen. Darf ich Sie fragen, was Sie sich von anderen Produkten erwarten?

Kunde: Ich möchte einfach schauen, was andere zu bieten haben!

Verkäufer: Fassen wir zusammen: Sie wollen eine PC-Lösung für den Small-Office-Bereich. Ein schneller Rechner ist Ihnen wichtig, eine gute Grafikkarte, eine große Festplatte und ein schneller Arbeitsspeicher. Da habe ich Sie doch richtig verstanden?

Kunde: Ja, aber der Preis ist schon sehr hoch.

Verkäufer: Ja, wir liegen um 20 Prozent über dem Preislimit, das Sie eingangs erwähnt haben. Dafür bekommen Sie aber genau das, was Ihre Firma jetzt braucht. Wir liefern Ihnen das Gerät heute noch ins Haus, sodass Sie gleich morgen damit arbeiten können.

Kunde. Also gut.

Das Verschieben von Entscheidungen ist etwas ganz Menschliches. Eigentlich wollen wir gar nicht den Stress auf uns nehmen, noch andere Läden aufzusuchen, um Produkte und Preise zu vergleichen. Wir wollen uns nur nicht gleich entscheiden, weil damit etwas endgültig wird, was gerade vorher noch völlig offen war. Dieses Fahrrad, dieser Computer, dieser Anzug wird uns die nächsten Jahre begleiten. Dann gibt es kein Zurück mehr.

Der Einwand „Ich sehe mich noch woanders um“ kann auch ein Zeichen dafür sein, dass der Kunde sich nicht gut beraten fühlt. Dann werden Sie diesen Einwand auch nicht wegdiskutieren können. Wenn aber die Fragephase gut gelaufen ist, dann heißt der Einwand „Ich sehe mich noch woanders um" übersetzt: „Ich brauche Hilfe bei der Kaufentscheidung". Diese Hilfe liefern Sie dem Kunden, indem Sie seine Motive für den Kauf der Ware wiederholen.

! *Sammeln Sie die Einwände Ihrer Kunden und überlegen Sie in Ruhe, wie Sie beim nächsten Mal damit umgehen.*

Das Positive an den Kundeneinwänden ist, dass sie sich immer wiederholen. „Allgemeine Einwände" wie „Ich überlege es mir noch" oder „Das ist mir zu teuer" kommen in Verkaufsgesprächen aller Branchen vor. Darüber hinaus kennen wir die „branchentypischen Einwände", die gerade Sie von Ihren Kunden jeden Tag hören.

Da sich die Einwände aber wiederholen, können wir sie auf einer Liste festhalten, die entsprechenden Argumente dazuschreiben und lernen. Dieses Lernen gehört zu den Grundlagen der Arbeitstechnik des Profis im Verkauf. Wenn Sie die Einwände Ihrer Kunden und die dazu passenden Lösungen nicht im Schlaf beherrschen, werden Sie nie wirklich überzeugend verkaufen.

Wir unterschätzen die Notwendigkeit, Verkaufstechnik zu automatisieren.

Wundern Sie sich bitte nicht, wenn Ihre Ergebnisse unter Ihren Erwartungen liegen, solange Sie die Einwandbehandlung nicht automatisiert haben. Erstellen Sie Ihre persönliche Liste von Kundeneinwänden und Lösungen. Nehmen Sie diese Liste immer wieder zur Hand und üben Sie die Argumente allein, mit Arbeitskollegen oder mit Ihrer Familie. Sie werden sehen, welchen Spaß es macht, sich dabei immer mehr zu einem Verkaufsprofi zu entwickeln.

Vergessen Sie bitte auch nicht, diese Liste immer wieder mit neuen Kundeneinwänden zu ergänzen, denn Produkte und Kundenbedürfnisse – und damit Kaufmotive – verändern sich ständig.

9. Generelle Einwände im Verkaufsgespräch

Hier nun eine Liste häufiger und genereller Einwände mit möglichen Antworten, die Sie auf Ihr Verkaufsumfeld anpassen bzw. ergänzen können:

1. **Ihr Kollege vom Konkurrenzunternehmen ist billiger.**

   Natürlich gibt es Preisunterschiede. Die Praxis hat aber gezeigt, dass ein Preisunterschied meist auch einen Unterschied in der Qualität bedeutet. Da stimmen Sie doch zu?

2. **Ich hole mir zuerst noch ein anderes Angebot.**

   Ich sehe, Herr Kunde, dass ich Sie noch nicht restlos überzeugen konnte. Können Sie mir sagen, was für Sie noch offen ist?

3. **Das ist mir zu teuer.**

   Ich verstehe, Herr Kunde, dass Ihnen der Betrag hoch erscheint. Vergleichen Sie aber die Vorteile, die Ihnen dieses Produkt bringt. Ist der Preis dafür nicht angemessen?

4. **Ich warte auf den Ausverkauf.**

   Das verstehe ich, Herr Kunde. Diese qualitativ hochwertige Ware wird aber auch im Ausverkauf nicht wesentlich reduziert werden. Außerdem zeigt die Erfahrung, dass im Ausverkauf Ihre Konfektionsgröße und Ihre Lieblingsfarbe oft nicht mehr verfügbar sind. Werden Sie sich dann nicht ärgern?

5. Ich überlege es mir noch!

Herr Kunde, ich sehe, dass Sie noch nicht restlos überzeugt sind. Überlegen wir doch gemeinsam. Welche Fragen sind für Sie noch offen?

6. Ihr Vorschlag klingt überzeugend, aber ich kann mir diesen Betrag im Augenblick nicht leisten.

Danke, Herr Kunde, dass Sie mir das so offen sagen. Wenn Sie mir sagen, wie hoch der Betrag ist, den Sie sich leisten wollen, dann finden wir bestimmt das für Sie passende Produkt.

7. Ich möchte zuerst mit meinem Steuerberater, Rechtsanwalt, Freund, Bekannten ... sprechen.

Ich sehe, Herr Kunde, dass Sie noch Fragen haben. Können Sie mir sagen, wo ich mich unklar ausgedrückt habe?
Oder: Welche Fragen würden Sie Ihrem Steuerberater stellen?

8. Ich möchte zuerst mit meiner Frau sprechen.

Das verstehe ich, Herr Kunde, ich bin überzeugt davon, dass Ihre Frau an diesem Thema auch großes Interesse hat. Wann können wir die Situation gemeinsam mit Ihrer Frau besprechen?

9. Nach dem Gespräch sehe ich Sie eh nie wieder.

Ich sehe, Herr Kunde, dass Sie schlechte Erfahrungen gemacht haben. Ich möchte meine Kollegen in der Branche nicht beurteilen. Ich kann Ihnen aber garantieren, dass ich Sie ab sofort optimal betreuen werde.
Oder: Herr Kunde, wie oft wollen Sie mich sehen?

10. Sehen Sie mal her, ich habe bereits ein Angebot von einem Konkurrenzunternehmen!

Danke, dass Sie mir das zeigen. Bevor wir darauf eingehen, möchte ich mir noch ein Bild von den Vorteilen machen, die gerade Sie mit diesem Produkt verbinden. Was erwarten Sie sich von diesem Produkt (dieser Serviceleistung)?

11. Aber ich unterschreibe heute nichts.

Gut, dass Sie mich darauf hinweisen, Herr Kunde. Bei mir dürfen Sie gar nicht unterschreiben, bevor Sie nicht restlos überzeugt sind. Welche Punkte sind Ihnen noch unklar?

12. Ich will mir zuerst die Vertragsbedingungen durchlesen, vor allem das Kleingedruckte.

Ich sehe, Herr Kunde, dass Sie noch Fragen haben. Sehen wir uns gemeinsam die wichtigsten Punkte in den Bedingungen an.
Oder: Nehmen wir an, die Vertragsbedingungen entsprechen Ihren Vorstellungen. Kommen wir dann heute ins Geschäft?

13. Gut, Sie sind jetzt mein Betreuer. Wie lange werden Sie bei Ihrem Unternehmen bleiben?

Ich kann Ihnen sagen, dass mir dieser Beruf großen Spaß macht. Wenn Sie mit mir zufrieden sind, dann steht einer langfristigen Kooperation nichts im Wege.

14. Sie wollen ja nur verkaufen!

Natürlich will ich Ihnen etwas verkaufen, aber eben nur etwas, das genau zu Ihnen passt. Deshalb habe ich noch ein paar Fragen an Sie ...

15. **Gut, dass Sie da sind. Ich möchte endlich meinen Vertrag stornieren, den wir vor einiger Zeit abgeschlossen haben.**

    Da habe ich eine Frage an Sie: Aus welchem Grund haben Sie diesen Vertrag damals bei mir abgeschlossen?

10. Branchenspezifische Einwände

Die folgenden Beispiele zeigen Ihnen, wie Sie auf branchenspezifische Einwände reagieren können. Überlegen Sie, welche spezifischen Einwände Ihre Kunden in Ihren Verkaufsgesprächen vorbringen und bereiten Sie hierfür Antworten vor, auf die Sie jederzeit im Gespräch zurückgreifen können.

Versicherung

Kunde: *Im Schadenfall zahlen Sie doch nicht!*

Verkäufer: Da haben Sie sicher schlechte Erfahrungen gemacht. Können Sie mir sagen, was da genau passiert ist?

Kunde: *Die schlechte Börsensituation zeigt, wie riskant das Geldanlegen in Fonds wirklich ist.*

Verkäufer: Solche Anlageformen sind immer langfristig zu betrachten. Sie haben Recht, dass die Börsen momentan mit Kursverlusten zu kämpfen haben, aber gerade deswegen sollten Sie jetzt einsteigen!

Kunde: *Ihr Kollege von der anderen Versicherung hat mir eine billigere Haftpflichtprämie für mein Auto angeboten.*

Verkäufer: Natürlich gibt es auch bei Versicherungen Preisunterschiede. Die paar Euro Mehrprämie im

Monat haben sich für unsere Kunden im Schadensfall aber immer noch bezahlt gemacht!

Bank

Kunde:	*Die Gebühren auf meinem Konto werden ja immer höher!*
Verkäufer:	Dann sollten wir uns ansehen, ob es für Sie nicht günstiger ist, einen Pauschalbetrag für unsere Dienstleistungen zu zahlen. Da haben wir jetzt neue Möglichkeiten.
Kunde:	*Bei anderen Instituten gibt es günstigere Kredite!*
Verkäufer:	Bei Krediten muss man immer die gesamte Belastung des Kunden inklusive aller Spesen betrachten. Wenn sich aber das Zinsniveau am Markt verringert, geben wir diese Vorteile natürlich an Sie weiter.
Kunde:	*Wir wissen nicht, ob wir die Finanzierung noch in diesem Jahr abschließen werden.*
Verkäufer:	Herr Kunde, ich kann Ihnen aber nicht garantieren, dass ich Ihnen im nächsten Jahr noch diese sehr günstigen Konditionen anbieten kann.

Möbelhandel

Kunde:	*Die Lieferzeit für diesen Schrank ist aber schon sehr lange!*
Verkäufer:	Ja, wir arbeiten bei diesem Programm mit einer Firma zusammen, die dieses schöne Stück speziell für Sie anfertigt.

Kunde:	*Der Preis für diesen Kinderschreibtisch mit Sessel ist ja unverschämt hoch!*
Verkäufer:	Das stimmt, wir hätten auch günstigere Angebote im Sortiment. Der Vorteil dieser Kombination besteht darin, dass der Tisch und der Sessel höhenverstellbar sind und somit mit Ihrem Kind mitwachsen. So werden mit diesem Programm spätere Haltungsschäden frühzeitig vermieden.
Kunde:	*Die Wohnlandschaft ist ja sehr schön, aber sie passt überhaupt nicht zu unseren Vorhängen.*
Verkäufer:	Darf ich Ihnen Vorhänge zeigen, die genau zu dieser Wohnlandschaft passen?

Computer

Kunde:	*So einen großen Bildschirm brauche ich nicht!*
Verkäufer:	Dieser Bildschirm ist im Set-Angebot enthalten. So bekommen Sie einen qualitativ hochwertigen Bildschirm zu einem sehr guten Preis.
Kunde:	*Warten wir, bis die nächste Generation von Rechnern auf dem Markt ist.*
Verkäufer:	Das Produkt, das ich Ihnen gerade gezeigt habe, ist jetzt schon ein Vertreter der nächsten Generation. In diesem Jahr sind bezüglich Schnelligkeit des Rechners keine wesentlichen Entwicklungen mehr zu erwarten.
Kunde:	*Den Service vor Ort brauche ich nicht!*
Verkäufer:	Bei diesem hochwertigen Gerät ist der Service im Preis inbegriffen. Bei jedem Computer kann einmal ein Problem auftreten. In diesem Fall haben Sie dann keine Sorgen, weil das Problem

innerhalb von 24 Stunden für Sie behoben wird, ohne dass für Sie ein weiterer Aufwand entsteht.

Autohandel

Kunde: *Kann man die Lieferzeit nicht verkürzen?*

Verkäufer: Ich frage einmal die Woche im Werk nach, damit es für Sie so schnell wie möglich geht.

Kunde: *Haben Sie keine günstigeren Alufelgen?*

Verkäufer: Ja, schon, aber wie finden Sie, passen diese schönen Felgen zu diesem Auto?

Kunde: *Bei anderen Marken sind viel mehr Extras im Preis enthalten!*

Verkäufer: An welche Extras haben Sie denn gedacht?

Kunde: Zum Beispiel an das Navigationssystem!

Verkäufer: Gut, dass Sie mich darauf ansprechen, wir haben momentan ein Sondermodell dieses Typs laufen, bei dem einige Extras, wie zum Beispiel das Navigationssystem, schon dabei sind.

Reisebüro

Kunde: *Gibt es keinen Abflugort in meiner Nähe?*

Verkäufer: Nein, die Reise zum Flughafen ist aber im Preis inbegriffen. Außerdem genießen Sie bei dem Flug ab dem Flughafen X den Komfort eines modernen Großraumflugzeuges.

Kunde: *Der Rückflug findet ja in der Nacht statt!*

Verkäufer: Ja, dafür genießen Sie aber einen zusätzlichen Urlaubstag ohne Aufpreis.

Kunde: *Ich will aber keinen Cluburlaub!*

Verkäufer: Wieso?

Kunde: Ich will nicht ständig zu Aktivitäten verpflichtet sein!

Verkäufer: Gut, dass Sie mich darauf ansprechen. Die Philosophie in diesem Club ist Aktivität, wenn Sie es wollen, oder Ruhe, wenn Ihnen danach zumute ist. Sie können frei entscheiden, ganz wie Sie möchten.

Immobilien

Kunde: *Im Garten scheint die Sonne aber nicht sehr lange.*

Verkäufer: Ja, der Vorteil dieser Lage ist die herrliche Aussicht mit dem unverbaubaren Fernblick. Die Abendsonne scheint zwar kürzer, aber am Morgen werden Sie das Gefühl haben, dass die Sonne nur für Sie scheint.

Kunde: *Das Haus ist wirklich schon sehr abgewohnt.*

Verkäufer: Sie haben Recht, Herr Kunde, dafür ist aber der Preis sehr günstig und die Bausubstanz in Ordnung. Da Sie, wie Sie mir vorhin erzählten, gerne „basteln“, können Sie dieses Haus so gestalten, wie Sie möchten, und das insgesamt zu einem sehr vernünftigen Preis.

Kunde: *Wieso dauert es bis zur Übergabe dieses Hauses so lange?*

Verkäufer: Ich verstehe, dass Sie es kaum noch erwarten können, in dieses schöne Haus einzuziehen. Der Bauherr ist aber bekannt dafür, dass er bei der Qualität der Ausführung seiner Objekte keine Kompromisse eingeht. Das dauert eben seine Zeit. Weihnachten werden Sie aber auf jeden Fall schon im neuen Haus erleben.

Gastronomie

Kunde: *Warum dauert es so lange, bis unser Essen serviert wird?*

Verkäufer: In unserem Haus wird alles frisch für Sie zubereitet. Ein paar Minuten wird es noch dauern. Dann werden Sie sehen, dass sich das Warten gelohnt hat.

Kunde: *Haben Sie keinen Tisch am Fenster?*

Verkäufer: Es tut mir leid, heute Abend ist leider nichts mehr frei. Bitte sagen Sie das nächste Mal bei der Reservierung, dass Sie Wert auf einen Tisch am Fenster legen. Dann werden wir Ihren Wunsch selbstverständlich berücksichtigen. Heute kann ich Ihnen aber einen sehr schönen Tisch in dieser ruhigen Ecke hier anbieten.

Kunde: *Das Vier-Gänge-Menü für die Taufe ist uns zu teuer.*

Verkäufer: Sie wollen eine festliche Feier. Da gehört ein festliches Essen dazu. Über den Preis reden wir dann noch später.

Sportgeschäft

Kunde: *Beim Händler X habe ich das Fahrrad der Firma Y gesehen. Das haben Sie aber anscheinend nicht in Ihrem Sortiment.*

Verkäufer: Ja, das stimmt. Wenn ich Ihnen aber ein paar Fragen stellen darf, dann finden wir in unserem Sortiment bestimmt das Fahrrad, das genau Ihren Bedürfnissen entspricht!

Kunde: *Ich brauche keine teuren Ski, ich fahre nicht so gut.*

Verkäufer: Gerade, wenn Sie nicht so gut Ski fahren, ist es wichtig, einen Ski zu kaufen, der genau zu Ihnen passt.

Kunde: *Warum ist dieser Stunthelm so teuer, der kann doch nicht so viel besser sein als die anderen?*

Verkäufer: Mit diesem Helm kaufen Sie das beste Produkt, das derzeit am Markt ist. Sowohl die verwendeten Materialien als auch die ausgereifte Sicherheitstechnik rechtfertigen den Preis. Darf ich Ihnen ein paar Details zeigen ...

Herrenausstatter

Kunde: *Die Farben der Sakkos sind mir alle zu dunkel!*

Verkäufer: Ja, die Modefarben in diesem Herbst sind vor allem dunklere Töne. Aber ehrlich, das Sakko, das Sie gerade anhaben, passt ausgezeichnet zu Ihnen!

Kunde: *Leider führen Sie die Marke X nicht!*

Verkäufer: Ja, das stimmt. Was schätzen Sie denn so besonders an der Marke X?

Kunde: Den legeren Schnitt der Hosen!

Verkäufer: Wenn Sie darauf Wert legen, dann wird Ihnen auch die Marke Y gefallen. Darf ich Ihnen da etwas zeigen?

Kunde: *Ich warte den Ausverkauf ab!*

Verkäufer: Diese Qualitätsware wird auch im Ausverkauf nicht wesentlich reduziert. Außerdem besteht dann die Gefahr, dass der Anzug in Ihrer Größe nicht mehr verfügbar ist. Das wäre doch sehr schade, oder?

Elektrohandel

Kunde: *Das Gerät der Marke X kostet so viel mehr, obwohl es gar nicht viel mehr kann.*

Verkäufer: Ja, da haben Sie Recht. Die Erfahrung zeigt aber, dass die hohe Qualität dieser Marke und auch die lange Lebensdauer den Preis rechtfertigen. Ist das für Sie wichtig?

Kunde: *Dieser DVD-Recorder hat so viele Funktionen, die kann man als Normalverbraucher eh nicht alle nutzen!*

Verkäufer: Ja, dieses Gerät lässt keine Wünsche offen. Auf welche Funktion würden Sie denn gerne verzichten?

Kunde: Eigentlich auf keine, aber ich kenne mich da nicht so gut aus!

Verkäufer: Der große Vorteil dieser Marke ist nicht nur die Vielzahl der Funktionen, auch die Bedienungsanleitung ist sehr benutzerfreundlich gestaltet. Wenn Sie Fragen haben, können Sie auch jederzeit zu mir kommen.

Kunde: *Dieser Fernseher ist zwar wirklich schön, aber für unser Wohnzimmer zu groß.*

Verkäufer: Wie groß ist denn die Entfernung in Ihrem Wohnzimmer zwischen der Sitzgelegenheit und dem Fernseher?

Kunde: Na ja, drei bis vier Meter.

Verkäufer: Bei dieser Entfernung würde ich Ihnen jedenfalls zu einem Gerät in dieser Größe raten. Sie werden sehen, wie angenehm Sie es empfinden, wenn auch Details im Bild für Sie gut sichtbar sind. Denken Sie bitte auch an den Teletext!

11. Die Telefonakquise

Die telefonische Terminvereinbarung mit bestehenden oder fremden Kunden ist ein Schwerpunkt der Tätigkeit aller Verkäufer, die im Außendienst beschäftigt sind.

Das Betriebskapital des Verkäufers sind die Kundentermine.

Wer bei der Terminvereinbarung nachlässig ist, wird feststellen, dass es schwierig wird, wieder ausreichend Termine pro Tag zu vereinbaren. Oft sind wir aus dem Urlaub zurückgekommen und haben unseren „gähnend leeren" Terminkalender angesehen. Das müsste nicht sein, wenn wir uns angewöhnen, regelmäßig zu telefonieren.

Die telefonische Terminvereinbarung ist für viele Verkäufer eine „rote Linie". Es gibt zahlreiche Ausreden, warum wir nicht jetzt und hier telefonieren, sondern es immer wieder verschieben bzw. nach wenigen Telefonaten wieder damit aufhören.

Dahinter steht (wieder einmal) die Angst vor dem Nein. Wir wollen nicht abgelehnt werden und empfinden das Nein des Kunden als persönliche Niederlage.

Die Kommunikation am Telefon ist deshalb so schwierig, weil es so schnell geht. Nur wenige Augenblicke entscheiden darüber, ob Sie erfolgreich sind oder nicht.

Der Kunde am anderen Ende der Leitung sieht Sie nicht. Damit ist es natürlich viel schwieriger, die Vorzüge Ihrer Persönlichkeit in die Waagschale zu werfen. Was wir im direkten Verkaufsgespräch mit dem Kunden durch unser Engagement vielleicht gerade noch einmal „hinbiegen" können, funktioniert bei einem Telefonat nicht so einfach. Die Kommunikation ist unpersönlicher. Der Kunde kann das Gespräch einfacher abbrechen, als wenn Sie persönlich vor ihm sitzen und er spürt, wie sehr Sie sich engagieren.

Telefonakquise ist etwas, das viele Verkäufer vermeiden, wenn es irgendwie anders geht: „Den Kunden treffe ich eh nächste Woche bei der Vereinsversamlung" oder „Besser ich besuche ihn gleich persönlich" – diese Aussagen kommen Ihnen sicherlich bekannt vor.

Die Angst, am Telefon nicht erfolgreich zu sein, hängt mit unserer persönlichen Erfahrung zusammen. Wenn uns jemand anruft, der uns etwas verkaufen will, dann gehen wir vorerst einmal automatisch in „Abwehrhaltung". Wir überlegen uns Gründe, warum wir das, was uns telefonisch angeboten wird, nicht benötigen. Wir sind so sehr mit der Abwehr des „Eindringlings" beschäftigt, dass wir ihm gar nicht zuhören.

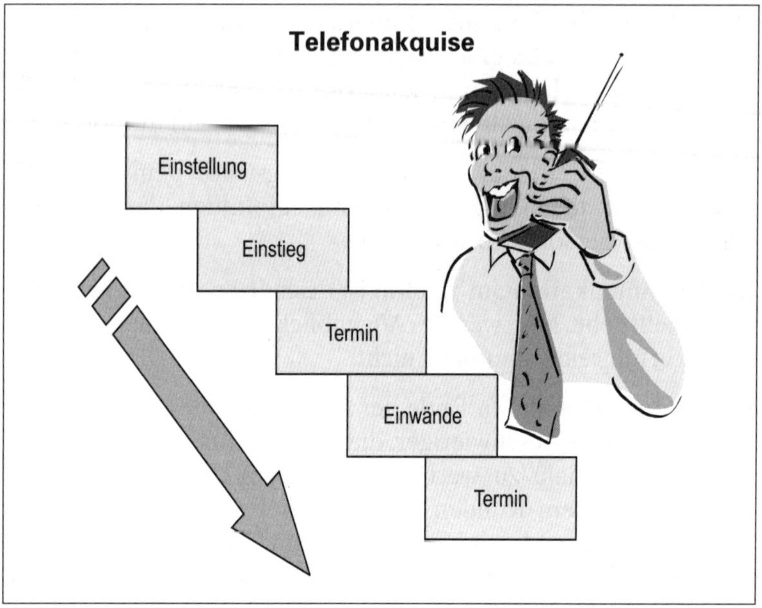

Aus diesem Grund ist es immer sinnlos, am Telefon über Produkte zu sprechen. Am Telefon wird grundsätzlich nur über Termine gesprochen.

Wenn Verkäufer telefonieren, hören sie oft nach den ersten Misserfolgen wieder damit auf: „Drei Telefonate und kein Termin. Ich habe ja gewusst, dass das am Telefon nicht geht."

Es geht nie darum, im ersten Gespräch schon erfolgreich zu sein, es geht darum, eine bestimmte Zeitlang zu telefonieren. Wenn Sie konsequent eine Stunde lang telefonieren, dann werden Sie auch Termine bekommen. Vielleicht nicht im ersten Gespräch, auch nicht im zweiten, aber im fünften, siebten oder zwölften.

Wenn wir nach den ersten Nein gleich schon wieder aufhören, verlieren wir die Chance auf ein Ja in den weiteren Gesprächen.

Die Angst vor dem Telefon kann vollständig abgebaut werden, wenn wir uns ein Schema für die Telefonate zurechtlegen. Vorab geht es natürlich um die richtige Einstellung. Wenn Sie mit Freude zum Hörer greifen, geht alles schon viel leichter. Der Kunde am anderen Ende der Leitung kann Sie zwar nicht sehen, er hört aber, wie entschlossen Ihre Stimme klingt, und er hört auch, ob Sie am Telefon lächeln oder nicht.

Ein lächelnder Verkäufer mit positiver Einstellung hat viel eher die Chance, einen Termin zu bekommen als jemand, dem man schon „anhört", dass ihm das Telefonieren keinen Spaß macht und er es nur deshalb tut, weil es der Chef von ihm verlangt.

Einstieg

Mit dem richtigen Einstieg in das Telefonat steigt die Chance enorm, erfolgreich zu sein. Beim Bestandskunden wird sich der Einstiegssatz immer auf die bestehende Kundenbeziehung und die mögliche Ausweitung derselben beziehen.

Beispiele – Bestandskunden

✆ „Herr Kunde, wir haben ja schon lange eine gute Geschäftsbeziehung miteinander. Nun gibt es ein neues Produkt, das ich Ihnen unbedingt präsentieren möchte. Wann sind Sie denn in den nächsten Tagen für mich verfügbar?"

✆ „Herr Kunde, jetzt wird es wieder einmal Zeit, dass wir die bestehenden Verträge mit unserem Unternehmen auf ihre Aktualität hin überprüfen. Wann sind Sie denn in den nächsten Tagen für mich verfügbar?"

✆ „Herr Kunde, ich möchte Sie wieder einmal treffen, um abzuklären, ob Sie sich durch unser Unternehmen optimal betreut fühlen. Wann sind Sie denn in den nächsten Tagen für mich verfügbar?"

Wenn wir neue Kunden akquirieren wollen, ist das ein bisschen schwieriger, aber mit einem guten Einstieg ebenso sicher zu erreichen.

Beispiele – Neukunden

✆ „Herr Maier, ich möchte Ihnen eine neuartige Serviceleistung unseres Unternehmens vorstellen, die Ihnen große Vorteile bringt. Wann darf ich Sie denn in der nächsten Woche besuchen?“

✆ „Herr Maier, unser Unternehmen hat ein neues Produkt herausgebracht, das völlig neuartige Ansätze bei der Lösung des Problems X ermöglicht. Wann in der nächsten Woche darf ich Ihnen dieses Produkt vorstellen?“

✆ „Herr Maier, ich möchte mich gerne persönlich davon überzeugen, dass Sie schon alle marktüblichen Vorteile der Dienstleistung X nutzen. Wann darf ich Sie denn in der nächsten Woche besuchen?“

Die Grafik auf der folgenden Seite zeigt das Verhältnis von Wählversuchen und Abschlüssen bei der Telefonakquise eines Wiener Versicherungsberaters. Die Anzahl der Wählversuche erscheint sehr hoch. Bedenken Sie aber bitte, dass jedes Abnehmen des Hörers, auch wenn das Besetztzeichen ertönt bzw. niemand abhebt, extra gezählt wird. A-Interessenten haben gleich beim Erstkontakt am Telefon deutlich Interesse gezeigt, B-Interessenten waren immerhin noch halbwegs interessiert.

Bei der telefonischen Terminvereinbarung ist es wichtig, dass Sie nicht über Produkte diskutieren. Ihr Ziel ist es, einen Termin zu „verkaufen“. Deshalb ist es notwendig, den Satz immer bis zum Termin zu Ende zu sprechen. Der Kunde soll über den Termin nachdenken und nicht darüber, warum er das Produkt vielleicht nicht benötigt.

Telefonische Akquise von Neukunden eines Versicherungsberaters

Wählversuche	**140**
A-Interessenten	**20**
B-Interessenten	**28**
Termine	**22**
Abschlüsse	**7**

Sie sehen, dass das Verhalten des Verkäufers am Telefon genau das Gegenteil des Verhaltens im persönlichen Gespräch erfordert. Beim persönlichen Gespräch geht es darum, W-Fragen zu stellen, um Kaufmotive zu erzeugen. Dafür ist das Telefon aber ein gänzlich ungeeignetes Medium. Sie sehen die Reaktionen Ihres Kunden nicht, und der Kunde kann das Gespräch jederzeit beenden – womöglich ohne dass ein Termin zustande kam.

12. Einwände am Telefon

Wenn Sie Verkaufsgespräche am Telefon führen, begegnen Ihnen Einwände, die Sie im persönlichen Gespräch nicht haben. Das Telefon wirkt wie ein Filter und wird auch von Kunden als solcher benutzt. Die vorgebrachten Einwände setzen oft noch „vor“ dem Kaufmotiv, das heißt dem eigentlichen Verkaufsgespräch, an und stellen für Sie als Verkäufer eine noch höhere Schwelle auf dem Weg zum Abschluss dar. Wenn es Ihnen gelingt, diese „telefon-typischen“ Einwände zu parieren, haben Sie zumindest den Einstieg in das Verkaufsgespräch geschafft.

1. Tut mir leid, ich habe wirklich keine Zeit.

✆ Ja, das verstehe ich. Auch meine Zeit ist knapp, deshalb rufe ich an, um einen Termin zu finden, an dem wir beide Zeit haben. Wie sieht es bei Ihnen Dienstag- oder Donnerstagabend aus?

2. Ich habe dieses Produkt schon.

✆ Sehr gut, Herr Kunde, dann wird Sie mein Besuch nur bestätigen. Überprüfen wir gemeinsam, ob das Produkt noch genau zu Ihnen passt. Wie sieht es bei Ihnen Dienstag- oder Donnerstagabend aus?

3. Tut mir leid, ich habe kein Interesse.

✆ Das verstehe ich, Herr Kunde, dass Sie kein Interesse haben. Sie wissen ja noch gar nicht genau, worum es geht. Aber ein persönliches Gespräch wird Ihr Interesse wecken. Wie sieht es bei Ihnen Dienstag- oder Donnerstagabend aus?

4. Schicken Sie mir bitte Unterlagen.

✆ Bei der Durchsicht von Unterlagen entstehen erfahrungsgemäß immer wieder Fragen, die ich Ihnen gleich beantworten kann. Natürlich werde ich Unterlagen mitbringen. Wie sieht es bei Ihnen Dienstag- oder Donnerstagabend aus?

5. Sie wollen ja nur verkaufen!

✆ Natürlich will ich Ihnen etwas verkaufen, etwas, das genau zu Ihnen passt. Ein persönliches Gespräch wird Sie überzeugen. Wie sieht es bei Ihnen Dienstag- oder Donnerstagabend aus?

6. Momentan ist es ungünstig!

✆ Das verstehe ich sehr gut. Passt es Ihnen, wenn ich Sie morgen um dieselbe Zeit anrufe?

7. Ich werde von einem Mitbewerber gut betreut.

✆ Sehr gut, Herr Kunde, dann wird Sie mein Besuch nur bestätigen. Überprüfen wir gemeinsam, ob Ihnen diese Betreuung alle marktüblichen Vorteile bringt. Wie sieht es bei Ihnen Dienstag- oder Donnerstagabend aus?

8. Ich habe kein Geld für so etwas.

✆ Das verstehe ich. Sie werden jedoch überrascht sein, wie wenig Sie dafür aufwenden müssen. Wie sieht es bei Ihnen Dienstag- oder Donnerstagabend aus?

Am Schluss der Bearbeitung des Einwandes eines Kunden am Telefon sollte immer der Terminvorschlag stehen.

Verkäufer: Herr Kunde, ich möchte mich gerne persönlich davon überzeugen, dass Sie schon alle marktüblichen Vorteile eines Großabnehmers nutzen. Ich bin nächste Woche zweimal in Ihrer Nähe. Wie sieht es am Montagnachmittag oder am Dienstagvormittag bei Ihnen aus?

Kunde: Ich habe momentan keinen Bedarf nach Veränderung. Ich werde von der Firma X hervorragend betreut.

Verkäufer: Fein, Herr Kunde, dann wird Sie mein Besuch nur bestätigen. Darf ich Sie nun am Montag um 15 Uhr oder besser am Dienstag um 10 Uhr besuchen?

Wenn Sie ganz sicher sein wollen, dass der Kunde Ihnen am Telefon zuhört und mit Ihnen im Gespräch bleibt, dann legen Sie ein ausgefülltes Formblatt vor sich auf den Tisch. Sie werden merken, wie gut es Ihnen geht, wenn Sie Ihren Einstieg und die Beantwortung von Einwänden schriftlich vor sich haben und ablesen können. Der Kunde sieht es nicht. Das folgende Beispiel zeigt ein solches Arbeitsblatt für einen Versicherungsberater.

Beim „Ablesen“ sollten Sie jedoch unbedingt auf eine natürliche und authentische Betonung achten. Nach einer Weile haben Sie jedoch diese Sätze „automatisiert“, und das Formblatt wird zu Ihrem „Spickzettel“ – für den Fall, dass Sie eine kurze Erinnerung oder „Auffrischung“ benötigen.

Terminvereinbarung
Ausgangssituation Bestandskunden, die bei mir noch keine Altersvorsorge abgeschlossen haben
Einstiegssatz Guten Tag, Herr Kunde, hier spricht Karl Maier von Ihrer Versicherung. Mir ist gerade aufgefallen, dass wir noch gar nicht darüber gesprochen haben, wie Sie Ihren Ruhestand einmal finanzieren wollen. Ich bin nächste Woche zweimal in Ihrer Nähe. Passt es Ihnen besser am Dienstag um 16 Uhr oder am Donnerstag um 17 Uhr?
Einwände und Lösungen **1. Die Börsen sind doch „im Keller"!** Da haben Sie Recht, Herr Kunde, deswegen möchte ich Ihnen zeigen, wie wichtig es ist, gerade jetzt einzusteigen. Passt es Ihnen am Dienstag oder am Donnerstag besser? **2. Tut mir leid, ich habe wirklich keine Zeit.** Ja, das verstehe ich. Auch meine Zeit ist knapp, deshalb rufe ich an, um einen Termin zu finden, an dem wir beide Zeit haben. Passt es Ihnen am Dienstag oder am Donnerstag besser? **3. Ich habe schon gut vorgesorgt.** Sehr gut, Herr Kunde, dann wird Sie mein Besuch nur bestätigen. Überprüfen wir gemeinsam, ob die von Ihnen getroffene Vorsorge noch Ihrer aktuellen Lebenssituation entspricht. Passt es Ihnen am Dienstag oder am Donnerstag besser?

4. Tut mir leid, ich habe kein Interesse.

Das verstehe ich, Herr Kunde, dass Sie kein Interesse haben. Sie wissen ja noch gar nicht genau, worum es geht. Ich zeige Ihnen Möglichkeiten, wie Sie sich mit einem geringen Monatsaufwand einen hohen Gewinn erwirtschaften können. Passt es Ihnen am Dienstag oder am Donnerstag besser?

5. Schicken Sie mir bitte Unterlagen.

Bei der Durchsicht von Unterlagen entstehen erfahrungsgemäß immer wieder Fragen, die ich Ihnen gleich beantworten kann. Natürlich werde ich Unterlagen mitbringen. Passt es Ihnen am Dienstag oder am Donnerstag besser?

6. Sie wollen ja nur verkaufen!

Natürlich will ich Ihnen etwas verkaufen, das genau zu Ihnen passt. Ein persönliches Gespräch wird Sie überzeugen. Passt es Ihnen am Dienstag oder am Donnerstag besser?

7. Mein Schwager ist ohnehin bei der Versicherung.

Gut, dann können Sie mir sicher sagen, wie hoch Ihre Zusatzrente sein wird.

8. Ich werde von der Glücksschaden gut betreut.

Sehr gut, Herr Kunde, dann wird Sie mein Besuch nur bestätigen. Überprüfen wir gemeinsam, ob Ihre Absicherung noch Ihrer Lebenssituation entspricht. Passt es Ihnen am Dienstag oder am Donnerstag besser?

9. Ich habe kein Geld zur Verfügung.

Herr Kunde, dann ist es umso wichtiger, dass wir uns treffen. Sie werden überrascht sein, wie gering ihr Aufwand für ein größeres Sparvorhaben (eine lebenslange private Rentenversicherung) ist. Passt es Ihnen am Dienstag oder am Donnerstag besser?

13. Beispiel Telefonakquise: Pharma-Industrie

Auftraggeber in folgendem Beispiel war ein Pharmakonzern, der ein interaktives Programm zur Entstehungsgeschichte und Therapie einer weit verbreiteten Krankheit entwickelt hatte.

Das Programm war so detailliert aufgebaut, dass eine Einzel-Präsentation beim Arzt nicht sinnvoll erschien. Das Unternehmen entschied sich daher dafür, die Präsentationen gruppenweise durchzuführen.

Der Auftrag bestand nun darin, die Pharmaberater für die erfolgreiche Terminvereinbarung mit den Ärzten einer Region fit zu machen. In einem Workshop mit den Pharmaberatern wurden die zu erwartenden Einwände der Ärzte und entsprechende Lösungen erarbeitet.

Eine Auswahl dieser Einwände und Lösungen möchte ich Ihnen schon deshalb nicht vorenthalten, weil die Anwendung in der Praxis ganz ausgezeichnet funktioniert hat.

Da Sie als Leser dieses Buches mit der Einwandbehandlung schon gut vertraut sind, lade ich Sie ein, zuerst den Einwand zu lesen und sich zu überlegen, was Ihnen dazu einfällt, bevor Sie sich die vorgeschlagene Lösung anschauen:

1. **Kein Interesse ...**

   Ich verstehe, dass Sie kein Interesse haben. Sie wissen ja noch gar nicht, worum es geht. Unsere Präsentation des derzeit besten und größten Informationsprogramms über die Krankheit X wird Ihr Interesse ganz sicher wecken. Darf ich also am ... um ... mit Ihnen rechnen?

2. **Keine Zeit ...**

   Ich verstehe, dass Ihre Zeit knapp ist. Gerade deswegen informiere ich Sie auch heute schon über diesen Termin. So können Sie noch disponieren.

3. Sie können mir ja die Unterlagen schicken ...

Das ist natürlich eine Möglichkeit. Unsere Erfahrung hat jedoch gezeigt, dass bei der Durchsicht der Unterlagen immer wieder Fragen auftreten, die wir in der interaktiven Präsentation gleich beantworten können. Darf ich also am ... um ... mit Ihnen rechnen?

4. Ich bin über dieses Problem eh schon genug informiert ...

Dann wird Sie diese Präsentation in Ihrem Wissen nur bestätigen. Ich verspreche Ihnen aber, dass Sie das derzeit größte und beste Informationsprogramm über die Krankheit X erleben werden. Da sind garantiert auch für Sie neue Aspekte dabei.

5. Ich habe schon genug Abendtermine ...

Ich weiß, dass für Sie Fortbildung einen sehr großen Stellenwert hat. Deswegen bin ich mir sicher, dass gerade Sie am ... um ... das derzeit beste und größte Informationsprogramm über die Krankheit X erleben wollen.

6. Ich bin privat verhindert ...

Ich sehe, dass Sie interessiert sind. Wir sind natürlich so flexibel, Ihnen Alternativtermine anzubieten. Ich kann Ihnen zwei weitere Termine nennen. Welcher Termin passt Ihnen am besten?

7. Ich verreise morgen ...

Dafür habe ich Verständnis. Wir sind natürlich so flexibel, Ihnen Alternativtermine anzubieten. Ich kann Ihnen als Alternative zwei weitere Termine nennen. Welcher Termin passt Ihnen am besten?

8. **Bei diesen Präsentationen hört man eh immer dasselbe ...**

   Es tut mir leid, dass Sie negative Erfahrungen gemacht haben. Gerade deswegen freut es mich, dass ich Ihnen am ... um ... das derzeit größte und beste Informationsprogramm über die Krankheit X präsentieren darf – noch dazu in einer Form aufbereitet, die Sie wirklich begeistern wird.

9. **Bei Gruppenpräsentationen trifft man oft auf Kollegen, die man nicht so gerne sieht ...**

   Danke für diesen Hinweis, darüber haben wir uns auch schon Gedanken gemacht. Unsere Präsentation lebt von einer guten Gruppendynamik. Deswegen werden wir eine Gruppe zusammenstellen, in der Sie sich wohl fühlen.

10. **Diese Vorträge sind immer so fad ...**

    Danke, dass Sie mir das so offen sagen. Wir von der Firma Y haben das auch schon oft feststellen müssen. Gerade deswegen haben wir eine Form der Präsentation gewählt, die nicht nur medial höchst interessant aufgebaut ist, sondern auch von der aktiven Mitarbeit der Teilnehmer lebt.

11. **Was schon wieder mit Buffet? Ich habe in letzter Zeit schon so viel zugenommen ...**

    Danke, Herr Dr. Kunde, für diese Anregung. Ich verspreche Ihnen, dass Sie Köstlichkeiten finden werden, die Ihrer Figur nicht schaden. Aber das ist ja nicht wirklich das Thema. Wir haben für Sie die Präsentation des derzeit größten und besten Informationsprogramms über die Krankheit X vorbereitet. Sie werden begeistert sein.

12. **Die Anreise ist mir zu lang ...**

    A) Gut, dass Sie mir das sagen. Ich kann Ihnen einen Termin in vier Wochen anbieten, der ganz in Ihrer Nähe stattfindet. Darf ich am ... um ... in ... mit Ihnen rechnen?

B) Ich verstehe, dass für Sie die Anreise ein Aufwand ist. Dafür verspreche ich Ihnen aber, dass Sie eine höchst interessante Präsentation erleben werden, die Ihre Erwartungen voll und ganz erfüllen wird. Darf ich also am ... um ... mit Ihnen rechnen?

C) Ich verstehe, dass für Sie die Anreise ein Aufwand ist. Ich biete Ihnen an, Sie mit meinem Wagen mitzunehmen und auch wieder nach Hause zu bringen.

13. Ich finde dort keinen Parkplatz ...

Danke für diesen Hinweis. Natürlich haben wir ein Hotel für die Präsentation ausgewählt, bei dem es auch Parkmöglichkeiten gibt. Die Kosten dafür übernehmen natürlich wir.

Die Präsentationen vor den Ärzten haben stattgefunden und waren überwiegend ein großer Erfolg. Ein Teilnehmer erzählte mir, dass ein Arzt dabei war, mit dem er nicht gerechnet hatte. Als er diesen Arzt darauf ansprach, erwiderte dieser: „Sie waren bei der Einladung am Telefon so professionell, da konnte ich gar nicht anders."

An diesem Beispiel sehen wir, wie wichtig es ist, die „Hausaufgaben" des Vertriebs ordentlich durchzuführen. Wir planen unseren Erfolg selbst, wenn wir uns bei der Anwendung von bewährten Arbeitstechniken konsequent weiterentwickeln.

14. Elemente des Verkaufsgesprächs im Überblick

Der Ablauf des Verkaufsgesprächs

Die einzelnen Elemente kommen im Verkaufsgespräch nicht immer in genau dieser Reihenfolge vor, denn Ablauf und Inhalt sind auch branchenabhängig. Die einzelnen Phasen an sich finden Sie jedoch in Verkaufsgesprächen aller Branchen wieder.

Vorbereitung

Im Gastgewerbe wird die Vorbereitung französisch mit „mise en place" bezeichnet. Damit kommt sehr schön zum Ausdruck, was eine gute Vorbereitung ausmacht: Alles soll auf dem richtigen Platz sein. Im Handel ist damit die übersichtliche Präsentation der Ware gemeint, für den Außendienst zählen die Vollständigkeit der Präsentationsunterlagen und das Überprüfen der technischen Verkaufshilfsmittel zu einer guten Vorbereitung.

Vorbereitung heißt aber auch, sich so auf das Kundengespräch einzustellen, dass Sie nicht sofort zum „Produktpräsentator" werden, sondern erst einmal zum „Fragensteller". Die Vorbereitung auf eine gute Frage ist damit noch viel wichtiger als die Vorbereitung auf die Präsentation der Ware.

Im Folgenden finden Sie Formblätter zur Vorbereitung, die ich in meinen Verkaufsseminaren gegen Schluss des Seminars ausfüllen lasse. Das erste Beispiel betrifft einen Versicherungsverkäufer im Außendienst, das zweite Beispiel einen Verkäufer für Sonnenschutzsysteme. Das dritte Blatt wurde von einem Angestellten in einem Sportgeschäft ausgefüllt und das vierte von einem Immobilienmakler:

Mein nächster Kunde
Versicherungsberater
Wer ist der Kunde? Herr M., Straße, Ort.
Was weiß ich über den Kunden? Er ist Angestellter, seine Frau zu Hause, drei Kinder. Herr M. ist dabei, sein Eigenheim fertigzustellen. Bei mir bestehen alle Sachversicherungen, über Personenversicherungen wurde bisher nicht gesprochen. Soweit ich weiß, bestehen bei anderen Versicherungen keine Policen.
Was ist der Anlass des Besuchs? Schadensfall aus der Hausratversicherung.
Was will ich erreichen? Ich möchte mit dem Kunden den Schadensfall gut abwickeln. Dann werde ich seine Verträge auf Aktualität überprüfen und Personenversicherungssparten ansprechen.
Welche W-Fragen werde ich stellen? • Was erwarten Sie von der Abwicklung dieses Schadenfalls? • Was hat sich in letzter Zeit in Ihrem Haushalt verändert? • Wie geht es Ihnen mit dem Bau des neuen Hauses? • Was werden Sie im Ruhestand tun? • Wie würde ein schwerer Unfall Ihr Leben verändern? • Wo haben Sie das Geld angelegt, das Sie einmal Ihren Kindern geben wollen? • Welche Vorteile einer privaten Krankenvorsorge kennen Sie? • Wer, glauben Sie, würde von meiner guten Beratung noch profitieren?

Mein nächster Kunde
Verkäufer für Sonnenschutzsysteme
Wer ist der Kunde? Herr A., Adresse, Wohnort.
Was weiß ich über den Kunden? Er hat unsere Firma am Messestand der Messe „Bauen und Wohnen" besucht. Dabei hatte er den Plan seiner neuen Terrassenwohnung dabei und besprach mit mir die Möglichkeit der Beschattung für den Essbereich.
Was ist der Anlass des Besuchs? Es geht um die Besprechung, wie wir das Problem der Beschattung am besten lösen können.
Was will ich erreichen? Ich weiß, dass sich der Kunde auch bei anderen Anbietern umgesehen hat, und möchte im ersten Gespräch einen Abschluss erreichen, der für den Kunden und für mich ein gutes Geschäft ist. Der Kunde soll das Gefühl haben, dass er bei mir kompetent und umfassend beraten wird. Auch wenn wir nicht die billigsten Anbieter am Markt sind, möchte ich den Kunden überzeugen, dass unsere Qualität ihren Preis hat, der Kunde dafür aber eine prompte und fehlerfreie Abwicklung des Geschäfts erwarten kann.
Welche W-Fragen werde ich stellen? • Was war der Grund, dass Sie auf der Messe gerade uns besucht haben? • Was war der Grund, dass Sie gerade unserer Firma die Möglichkeit eines Gesprächs bei Ihnen zu Hause gegeben haben? • Was erwarten Sie von einem guten Beschattungssystem? • Welchen Bereich Ihrer Terrasse wollen Sie beschatten? • Wie wichtig ist es Ihnen, sich den ganzen Tag darauf verlassen zu können, dass Sie den Schatten genießen, egal wie die Sonne steht? • Welche Nachbarn, glauben Sie, haben auch Interesse an unseren Produkten?

Mein nächster Kunde
Verkäufer in einem Sportgeschäft
Wer ist der Kunde? Jedermann.
Was weiß ich über den Kunden? Dass er sich für die Anschaffung eines neuen Sportgerätes interessiert.
Was ist der Anlass des Besuchs? Informationen einholen über neue Mountainbikes.
Was will ich erreichen? Ich will herausfinden, warum der Kunde in meine Abteilung kommt. Hat er schon ein Mountainbike und will sich nur umsehen, wie sich der Markt entwickelt, oder hat er ein Kaufmotiv für ein neues Rad, weil er noch keines hat bzw. das alte seinen Anforderungen nicht mehr entspricht? Auf jeden Fall will ich es nicht nur bei Erklärungen belassen, sondern durch Fragen bewusst ein mögliches Kaufmotiv ausloten und einen Abschluss einleiten.
Welche W-Fragen werde ich stellen? • Was führt Sie in meine Abteilung? (Antwort: Mal sehen, was es Neues gibt!) • Welches Mountainbike fahren Sie jetzt? (Das Rad Y der Marke X.) • Wie sportlich sind Sie? • Wie viele Kilometer fahren Sie im Jahr? • Wie viel davon Berg und Straße? • Womit sind Sie bei Ihrem jetzigen Rad nicht ganz zufrieden? • Was muss passieren, damit Sie hier und jetzt ein neues Rad kaufen?

Mein nächster Kunde
Immobilienmakler
Wer ist der Kunde? Fam. H., Straße, Ort.
Was weiß ich über den Kunden? Die Familie wohnt momentan in einer sehr schönen Eigentumswohnung am Stadtrand. Seit einiger Zeit schon interessiert sie sich für Baugrundstücke. Vor einigen Monaten hat unser Büro den Auftrag erhalten, aktiv für die Familie zu suchen.
Was ist der Anlass des Besuchs? Präsentation von drei Gründstücken, die sehr unterschiedlich sind, im Großen und Ganzen aber den Anforderungen der Familie entsprechen.
Was will Ich erreichen? Ich möchte mit der Familie die Grundstücke besuchen und genau beobachten, wie sie darauf reagiert. Durch gezielte Fragen möchte ich herausfinden, worauf sie wirklich Wert legt und was ihr an den einzelnen Grundstücken besonders gut oder weniger gut gefällt. Wenn ich ernstes Interesse heraushöre, möchte ich die Familie bei der Kaufentscheidung unterstützen.
Welche W-Fragen werde ich stellen? • Wie wichtig ist Ihnen die zentrale Lage Ihres neuen Heims? • Wie würden Sie die Vorteile eines ebenen, quadratischen Grundstücks beschreiben? • Welchen finanziellen Rahmen möchten Sie auf keinen Fall sprengen? • Wie wichtig ist Ihnen ein unverbaubarer Fernblick? • Wie wichtig ist Ihnen die Nähe zu Spielkameraden für Ihre Kinder? • Wovon machen Sie Ihre Entscheidung jetzt abhängig? • Welche Fragen kann ich Ihnen noch beantworten? • Wen kennen Sie, der gerade daran denkt, eine Wohnung oder ein Haus zu kaufen?

Die Vorbereitung auf die zu stellenden Fragen bringt Sie als Verkäufer gleich zu Beginn des Gesprächs in die richtige Richtung. Je mehr Sie in Fragen denken, desto eher wird es Ihnen gelingen, echte Kaufmotive herauszufinden.

Die Vorbereitung auf die Fragen ist für die Teilnehmer der Verkaufsseminare immer wieder ein „Aha-Erlebnis". In der täglichen Praxis tun wir das viel zu selten. Verkaufschancen blitzen kurz auf. Wenn wir aber nicht sofort die passenden Fragen zur Hand haben, ist die Chance leider auch schnell wieder vergeben.

Sich auf diese Fragen vorzubereiten, ist somit eine Hilfe, Verkaufschancen bewusst zu inszenieren, anstatt sie zu übersehen. Je klarer die Fragen in der Vorbereitung formuliert werden, desto größer ist die Wahrscheinlichkeit, dass wir die Fragen auch stellen werden.

Für Ihren Weg zum Profi im Verkauf haben Sie einen großen Schritt nach vorne gemacht, wenn Sie sich angewöhnen, sich bewusst auf Ihre Kundenbesuche vorzubereiten. Wie die Beispiele zeigen, geht das am besten durch das Ausformulieren von Fragen.

Einstellung

„Mit der richtigen Einstellung auf dem Weg zum Profi im Verkauf" – unter dieser Überschrift haben wir im ersten Kapitel gesehen, wie Sie sich selbst zu Höchstleistungen motivieren können.

Denken Sie an den Blick in den Spiegel und das Spiegelbild, das genau zeigt, was Sie in dieser Situation ausstrahlen. Entweder lacht Ihnen ein motivierter Verkäufer entgegen oder es ist besser, das Kundengespräch gar nicht erst zu führen. Was soll dabei herauskommen, wenn Sie nicht wirklich überzeugt davon sind, dass es Ihnen Spaß macht, genau den Kunden, den Sie gleich beraten werden, von Ihrer Kompetenz zu überzeugen?

Alles ist möglich, wenn Sie es wollen! Andererseits geht aber auch nichts, wenn wir uns ständig selbst blockieren und bemüht sind, Ausreden zu suchen, weil wir es wieder einmal nicht geschafft haben, unsere „rote Linie" zu überschreiten.

Der Kunde spürt sofort, wie Sie „drauf" sind. Unterschätzen Sie ihn nicht: Er testet auch manchmal aus, ob Sie sich ärgern lassen oder ob Sie Ihre Rolle als Verkäufer professionell wahrnehmen.

Es gibt keine zweite Chance für den ersten Eindruck. Der Kunde, der Sie zum ersten Mal sieht, spürt sofort, was Sie ausstrahlen. Er kennt Ihre Einstellung, er erkennt Sie als Partner zur Lösung seiner Probleme an oder eben nicht: „Den kann man nichts fragen!", „Der kennt sich nicht aus.", „Der interessiert sich nicht." Solche und ähnliche Aussagen hört man von Kunden, die gerade auf einen Verkäufer getroffen sind, der mit seiner Einstellung nicht bei der Sache war.

Sie selbst entscheiden, wie Sie auf den Kunden wirken! Der Unterschied ist selten das Produkt, den Unterschied macht immer mehr der Verkäufer aus – mit seiner professionellen Einstellung und dem daraus resultierenden professionellen Verhalten.

Beziehung schaffen

Eine funktionierende Beziehungsebene ist die Grundlage jeder Kommunikation und damit auch jedes Verkaufsgesprächs.

Beziehung schaffen heißt, sich ernsthaft für die Welt des Kunden zu interessieren. Wenn wir den Kunden zu Hause besuchen und uns in seiner Wohnung umsehen, erfahren wir sofort sehr viel über seine Person. Dann fällt uns vielleicht der neue schöne Teppich auf, das Bild aus Griechenland an der Wand oder der Pokal, der von sportlichen Aktivitäten zeugt. Vielleicht springen auch fröhliche Kinder herum oder ein Hund, der es hoffentlich nicht auf Sie abgesehen hat. Wenn Sie über die Dinge, die Ihnen auffallen, ein paar nette Worte fallen lassen, sind das Anknüpfungspunkte, eine Beziehung zum Kunden herzustellen.

Wenn der Kunde zu Ihnen kommt, gibt er zwar vorerst nicht so viel von sich preis. Ihre ersten freundlichen Fragen werden aber ebenso dazu angetan sein, eine Beziehungsebene aufzubauen.

Vielleicht haben Sie schon einmal ein verliebtes Pärchen im Park oder im Zug beobachtet. Alles um sie herum ist plötzlich so schön, sie genießen gemeinsam die schöne Landschaft, beschreiben Dinge, die ihnen auffallen. In der Beziehung geht es selten um das gesprochene Wort. Es geht darum, welche Freundlichkeit, vielleicht auch welche Gemeinsamkeit hinter einem Wort steht.

Wo die „Chemie“ stimmt, fühlen wir uns gut aufgehoben. Wir können als Verkäufer diesen „chemischen Prozess“ ein schönes Stück vorantreiben, wenn wir uns darum bemühen.

Anlass

Dieser Aspekt ist besonders wichtig, weil in manchen Verkaufsgesprächen die Gefahr besteht, dass wir vor lauter Beziehungsarbeit nicht zum eigentlichen Anlass kommen. Der Kunde verstrickt uns möglicherweise in ein Gespräch über Sport und Politik, und schon wissen wir nicht mehr, wie wir zum Thema zurückkommen sollen.

Wir Verkäufer steuern den Ablauf des Gesprächs. Leiten Sie den eigentlichen Verkaufsteil ein, indem Sie den Anlass beschreiben:

- Gut, Herr Kunde, wir haben uns heute getroffen, um über den von Ihnen gemeldeten Schadensfall zu sprechen. Was ist denn da genau passiert?
- Na, dann sehen wir einmal, was ich heute für Sie tun kann ...
- Also, Herr Kunde, was führt Sie zu mir?

Die Erfahrung zeigt, dass vor allem junge Verkäufer im Außendienst oft ein Problem damit haben, zum Anlass zu kommen. Überlegen Sie sich einen Satz und sagen Sie ihn auch.

Bei Beratungsgesprächen in der Wohnung des Kunden ist ein guter Zeitpunkt für den Beginn des eigentlichen Verkaufsgesprächs dann, wenn Ihnen ein Platz angeboten wurde. Fragen Sie immer, wo Sie sich hinsetzen dürfen. Wenn Sie den Platz des Hausherrn erwischen, ist die Gefahr sehr groß, dass er Ihnen in den ersten Minuten des Gesprächs gar nicht zuhört, weil er sich darüber ärgert, dass Sie seinen Platz eingenommen haben.

Beobachten Sie bitte genau, was der Hausherr auf die Frage „Wo darf ich mich hinsetzen?" tut. Er sagt wahrscheinlich „Ist eigentlich egal, wohin", zeigt aber mit seiner Hand auf einen bestimmten Platz.

Wenn Sie einen Platz zugewiesen bekommen, der für Sie aus strategischen Gründen unpassend ist, weil sie zum Beispiel Unterlagen zeigen wollen, können Sie dann, wenn es so weit ist, immer noch sagen: „Darf ich mich auf diesen Platz setzen, damit Sie besser sehen können?" Dann wird niemand mehr etwas dagegen haben. Zu Beginn geht es aber nur um das „Territorium".

Kaufmotiv

Nun beginnt die interessanteste Phase des Verkaufsgesprächs. Ziel ist es zu diesem Zeitpunkt, das Kaufmotiv des Kunden genau zu erfragen. Alle Fragen, die mit „W" beginnen, sind in dieser Phase richtig.

Vergessen Sie vorerst noch Ihre wunderschönen Produkte. Lassen Sie Ihren Laptop zugeklappt. Es ist noch nicht wichtig, dass Sie zeigen, welches Fachwissen Sie haben. Wichtig ist jetzt nur, dass Sie zeigen, wie gut Sie gelernt haben, Fragen zu stellen. Denken Sie daran, auf die Pausen zu achten. Die beste Frage verliert ihre Wirkung, wenn wir die Pause danach nicht zulassen.

Fragen stellen, genau zuhören, aus der Antwort des Kunden die nächste Frage formulieren. Das ist die Kunst, die jetzt von Ihnen verlangt wird.

Der Kunde muss ein immer deutlicheres Bild vor sich sehen, von einer Ware oder einer Dienstleistung, die genau sein Problem lösen wird. Er muss so lange gefragt werden, bis er sich etwas „einbildet“ und es dann nur noch darum geht, genau zu analysieren, wie das, was er möchte, beschaffen sein muss.

Zusammenfassung

Sobald Sie die Kaufmotive des Kunden herausgefunden haben, wiederholen Sie diese am besten mit den Worten des Kunden.

In umfangreicheren Beratungsgesprächen lohnt es sich deshalb, sich Stichworte zu notieren. Wenn Sie das tun, vergessen Sie aber bitte nicht, den Kunden vorher darauf hinzuweisen.

Wenn Sie die Aussagen des Kunden wiederholen, werden Sie automatisch einen „Ja-Rhythmus“ erzeugen. Sie haben ja nichts anderes gemacht, als die Aussagen des Kunden wiederholt. Dieser „Ja-Rhythmus“ wird aber eine ganz andere Qualität haben, als jener, den wir weiter vorne beschrieben haben. In diesem Fall haben wir dem Kunden nämlich nicht Aussagen „in den Mund gelegt“, sondern seine Antworten wiederholt.

Nachdem Sie die Aussagen des Kunden zusammengefasst haben, dürfen Sie nun endlich Ihre entsprechenden Produkte präsentieren.

Produkte

Weil der Kunde sein Kaufmotiv beschrieben hat, können Sie ihm nun die entsprechende Lösung in Form eines Produktes oder einer Dienstleistung anbieten. Jetzt spielen Vor- und Nachteile von Produkten eine wichtige Rolle. Jetzt passt es auch, wenn Sie Ihre Argumente vorbringen. Der Kunde spürt ja, dass Sie von etwas sprechen, das er sich vorstellt. Darüber möchte er nun natürlich sehr viel wissen.

An dieser Stelle können Sie Ihren Kunden mit Ihrem Fachwissen und Ihrer Kreativität für außergewöhnliche Lösungen überzeugen. Jetzt hört er Ihnen mit Sicherheit zu, denn es geht schließlich um etwas, das ihn interessiert und wofür er ein Kaufmotiv spürt.

Aus diesem Grund ist eine fundierte Fachausbildung wichtig. Die Gefahr besteht aber meist darin, dass wir mit unserer guten Fachausbildung die Phase „Motivforschung" im Verkaufsgespräch überspringen und gleich zu den Produkten und deren Präsentation übergehen.

Dann wundern wir uns oft, wenn der Kunde auf „unseren Zug" nicht „aufspringt". Kein Wunder, es ist ja auch unser Zug und nicht der des Kunden. Nur wenn Sie zuvor das Kaufmotiv des Kunden „erforscht" haben, ist es Ihr gemeinsamer „Zug".

Einwände

Der Kunde spürt sein Kaufmotiv. Der Kunde hat auch das Gefühl, dass das Produkt zu ihm passt. Trotzdem entscheidet er sich (noch) nicht für den Kauf. Er bringt Einwände. Einwände in dieser Phase des Verkaufsgesprächs können zwei Ursachen haben: Entweder ist die Motivforschung nicht gut gelaufen und der Kunde hat sein Kaufmotiv noch nicht wirklich gefunden oder er braucht noch Hilfe bei der Entscheidung.

Denken wir nochmals an das Beispiel mit der privaten Altersvorsorge. Die Kunden werden täglich in den Medien bombardiert mit Hinweisen, sie sollen sich ein privates Standbein für den Ruhestand aufbauen. Jeder realisiert diese Aufforderung, schiebt die Entscheidung aber auf „die lange Bank". Jetzt kommt sein Finanzdienstleister zu ihm und stellt ihm die richtige Frage: „Was wirst du im Ruhestand tun?“

Der Kunde beginnt nachzudenken, und immer deutlicher entsteht vor ihm ein Bild, was er alles tun will und wie viel Geld er dafür benötigen wird.

Dann wird der Betrag ausgerechnet, den der Kunde dafür investieren muss, und er reagiert darauf mit den typischen Einwänden: „Ich überlege es mir noch!“, „Ich hole mir noch ein anderes Angebot ein!“ usw.

Wenn die Motivforschung gut gelaufen ist, dann ist der Kunde vom Produkt und dem Nutzen voll und ganz überzeugt. Er braucht aber noch Zeit, um zu begreifen, dass es jetzt mit dem Aufschieben vorbei ist und er ab sofort jeden Monat 200 Euro für seine private Altersvorsorge einzahlen muss. Die Einwände, die jetzt kommen, bedeuten: „Ich muss das erst begreifen, bitte hilf mir dabei!“

Das Schlimmste, was Sie jetzt tun können, ist, den Kunden gehen zu lassen, denn er will ja noch überlegen, und Sie wollen nicht aufdringlich sein. Der Kunde bleibt dann aber mit seinem Kaufmotiv alleine. Wer immer ihn in den nächsten Tagen auf eine private Altersvorsorge anspricht, wird ein leichtes Spiel haben, weil Sie bereits die ganze Vorarbeit geleistet haben. Das ist auch der Grund, warum ich in diesem Zusammenhang nichts vom „Zwei-Phasen-Verkauf“ halte, bei der die Entscheidung bzw. der Abschluss in einem zweiten Gespräch erfolgt. Wenn die Motivforschung gut gelungen ist, dann wird der Kunde in vielen Fällen jetzt und hier bei Ihnen unterschreiben – oder gar nicht.

In der Phase der Einwandbehandlung unterscheidet sich Abschlussstärke von Abschlussschwäche. Wenn Sie die Einwände des Kunden jetzt mit Freude beantworten und in Vorteile umwandeln, werden Sie den Kunden in vielen Fällen sofort überzeugen.

In allen Branchen kennen Sie knapp vor dem Abschluss des Gesprächs den Satz „Ich überlege es mir noch ...“, „Ich sehe mich noch um ...“, „Ich bin noch nicht überzeugt“. Was, glauben Sie, ändert sich für den Kunden beim Überlegen oder beim Sich-Umsehen?

Der Kunde geht vielleicht morgen mit seiner Frau in ein anderes Warenhaus und sieht in der Sportabteilung genau den Ski, über den Sie mit ihm bereits gesprochen haben. Dass dieser Verkäufer jetzt leichtes Spiel hat, ist nachvollziehbar. Oder die Frau sieht in einer anderen Filiale der Modekette genau die Hose, für die sie sich bei Ihnen noch nicht entscheiden konnte. Jetzt greift sie aber zu, und die Verkäuferin freut sich über ein so einfaches Geschäft. Kein Wunder, Sie haben ja die ganze Vorarbeit schon geleistet, den Erfolg und den Gewinn aber geben Sie an jemand anderen ab.

Generell können wir davon ausgehen, dass kaum jemand in seiner Freizeit ohne Kaufinteresse ein Möbelhaus, ein Sportgeschäft oder ein Schuhgeschäft besucht. Dieser Kunde kauft mit großer Wahrscheinlichkeit in den nächsten Tagen irgendwo in der Stadt ein neues Sofa, einen Tennisschläger oder ein paar elegante Schuhe.

Wenn wir diese Besucher nicht ansprechen, haben wir eine große Verkaufschance vertan.

Abschluss

Plötzlich ist alles gesagt, und der Kunde will nur noch unterschreiben oder an der Kasse zahlen. Ist Ihnen schon aufgefallen, dass Verkäufer an dieser Stelle oft wieder mit Produktpräsentationen anfangen, Vor- und Nachteile aufzählen, so lange, bis sich der Kunde den Kauf vielleicht doch noch überlegt?

Dahinter steht wieder unsere Urangst vor dem Nein, die wir bereits beschrieben haben. Wir können es noch gar nicht fassen, dass es eigentlich so leicht war. Dabei haben Sie vielleicht ein so brillantes Verkaufsgespräch geführt, dass es einfach zum Abschluss kommen musste!

Der Abschluss ergibt sich als logische Konsequenz einer guten Motivforschung

Wenn Sie dem Kunden ausreichend Fragen zu seinem Kaufmotiv gestellt und aus seinen Aussagen jeweils die nächste Frage formuliert haben, dann „schnitzt" sich der Kunde sozusagen sein Produkt selbst. Es passt genau zu ihm, er spürt das Kaufmotiv und greift schließlich zu.

Verkäufer: „Herr Kunde, ich glaube, dass wir jetzt genau das Produkt gefunden haben, das zu Ihnen passt. Wollen wir das nun festmachen? ..."

Zusatzverkauf

In fast allen Sparten ergibt sich die Möglichkeit, nach dem Abschluss auf andere Produkte umzusteigen, die das gekaufte Produkt ergänzen bzw. neue Produkte anzusprechen.

Wir haben das Beispiel bei McDonald's schon erwähnt. Was immer Sie am Counter gerade bestellt haben, Sie werden dann noch gefragt, ob Sie ein „heiße Apfeltasche" wollen. Überlegen Sie bitte einmal, wie viele heiße Apfeltaschen dieses Unternehmen im Jahr nur dadurch verkauft, dass die Kunden konsequent in jedem Verkaufsgespräch darauf angesprochen werden.

Verkäufer aus dem Finanzdienstleistungsbereich berichten mir in den Verkaufsseminaren immer wieder, dass sie nach dem Abschluss eines Geschäfts gar nicht daran denken, auf andere Sparten umzusteigen. Sie sind stolz auf sich, dass sie das Geschäft gemacht haben, sehen schon die Provision vor sich und wollen die „Kampfstätte" so schnell wie möglich verlassen, bevor der Kunde es sich anders überlegt.

Beim Abschluss steht der Verkäufer unter Stress. Es ist zwar ein positiver Stress, trotzdem gilt, dass unter Stress häufig das Denken aussetzt. Erst später, wenn der Verkäufer wieder im Auto sitzt, fallen ihm viele Fragen ein, die er noch hätte stellen können. Dann aber ist es zu spät. Dieser Situation können wir vorbeugen, wenn wir die Umstiegsfragen automatisieren, sodass diese abrufbar sind, ohne erst viel nachdenken zu müssen. Es sind meist einfache Fragen, die den Zusatzverkauf oder das Umsteigen auf andere Sparten einleiten. Dann liegt es nurmehr an uns, die „rote Linie" zu überschreiten und die Fragen auch wirklich zu stellen.

Verkäufer fühlen sich oft als „Keiler", wenn sie den Zusatzverkauf ansprechen sollen. Der Kunde hat eh schon „einen Abschluss" getätigt. Man will ihm nun nicht mehr „auf die Nerven gehen". Später ärgern wir uns, wenn wir merken, dass der Kunde eine Ergänzung zu seinem Produkt oder ein verwandtes Produkt bei einem Konkurrenten erworben hat, weil dieser ihn darauf angesprochen hat.

Es liegt also am Verkäufer, dem Kunden einen Zusatznutzen anzubieten. Wenn wir den Kunden ernst nehmen, dann können wir davon ausgehen, dass er es uns schon sagen wird, wenn er von unserem Vorschlag keinen Gebrauch machen will. Wenn wir aber gar nicht darüber sprechen, ist der Kunde nicht gut beraten. Er weiß womöglich noch gar nicht, was genau zu diesem Produkt und damit auch genau zu ihm passt.

Fragen für den Zusatzverkauf – Beispiele

Möbelhandel

- Darf ich Ihnen einen Teppich zeigen, der genau zu Ihrem neuen Esstisch passt?
- Zu diesem Kinderzimmer gibt es ein paar interessante Ergänzungen. Sehen Sie doch einmal hier ...

Kosmetik

- Haben Sie schon die neue Creme der Marke X probiert? Die passt genau zu Ihrem Hauttyp und ist momentan im Angebot.
- Ich möchte Ihnen noch ein sehr schönes Buch anbieten, in dem Sie viele interessante Ratschläge zur Erhaltung Ihrer Vitalität finden ...

Finanzdienstleistung

- Wir haben nun für Ihren Ruhestand gut vorgesorgt. Wo haben Sie eigentlich Ihre Unfallversicherung?
- Wo haben Sie das Geld angelegt, das Sie einmal Ihren Kindern mitgeben wollen?

Skischuhe

- Sie haben einen wirklich schönen Schuh ausgewählt. Darf ich Ihnen Sportsocken zeigen, die Ihnen einen noch besseren Tragekomfort garantieren?
- Zu diesen Skischuhen führen wir praktische Trageklips. Die würde ich Ihnen gerne zeigen ...

Schuhhandel

- Diese schönen Schuhe sollten Sie unbedingt sorgsam pflegen. Darf ich Ihnen ein passendes Pflegemittel zeigen?
- Von dieser Marke führen wir auch einen sehr komfortablen Freizeitschuh. Darf ich Ihnen diese Schuhe zeigen?

Computer

- Nun haben Sie eine passende Lösung für Ihren „Small-Office-Bereich“ erworben. Wie wichtig ist es Ihnen, dass auch Ihr Drucker dieselben Qualitätsmerkmale aufweisen kann?

- Wir haben jetzt zu diesem Modell die „zweite Festplatte" im Angebot, damit Ihre Daten immer gesichert sind. Ist das wichtig für Sie?

Restaurant

- Zu diesem Fisch kann ich Ihnen einen wirklich erlesenen Wein empfehlen. Darf ich Ihnen eine Flasche bringen?
- Zum Dessert kann ich Ihnen einen frischen Obstkuchen anbieten. Hätten Sie lieber Erdbeere oder Himbeere?

Buchhandel

- Von diesem Autor gibt es noch eine Neuerscheinung. Haben Sie diese schon gelesen?
- Interessieren Sie sich auch für andere Autoren von Kriminalromanen?

Apotheke

- Wir haben ein ganz neues Mittel zur Stärkung des Immunsystems. Wollen Sie das einmal probieren?
- Wir haben einen hochwertigen Sonnenschutz im Sortiment, der gerade für Kinder gut geeignet ist. Haben Sie davon schon gehört?

Bekleidung

- Dieser Anzug wirkt erst perfekt mit Hemd und Krawatte der Marke X. Sehen Sie sich das doch einmal an.
- Die Wintermäntel sind in diesem Jahr aus besonders hochwertigen Materialien. Wollen Sie einmal einen Mantel anprobieren?

Reisebüro

- Für wie viele Tage darf ich Ihnen einen Mietwagen buchen?
- Sie möchten sich doch im Urlaub gegen alle Eventualitäten absichern?

Bank

- Wie wichtig ist Ihnen der bargeldlose Zahlungsverkehr?
- Haben Sie schon eine private Altersvorsorge?

Tankstelle

- Die Waschanlage ist gerade frei. Darf ich Ihnen eine Komfortwäsche mit berechnen?
- Wir können einen sehr günstigen Ölwechsel anbieten. Ohne Wartezeiten. Wann steht bei Ihnen der nächste Ölwechsel an?

Autohandel

- Darf ich Ihnen Leichtmetall-Felgen zeigen, die genau zu diesem schönen Auto passen?
- Sportsitz und Lederausstattung gehören zu diesem schönen Auto unbedingt dazu. Was halten Sie davon?

Immobilien

- Gut, Sie wollen einen neuen Boden in der Wohnung. Darf ich Ihnen eine Firma nennen, mit der wir seit Jahren kooperieren?
- Bei diesem Objekt gibt es die Möglichkeit, die Fenster regelmäßig professionell reinigen zu lassen. Interessiert Sie das auch?

Computerspiel

- Dieser Flugsimulator wird Ihnen viel Freude bereiten. Dazu gibt es auch einen Joystick, der optimales Vergnügen garantiert. Darf ich Ihnen diesen zeigen?
- Zu diesem Spiel gibt es einige Ergänzungen. Darf ich Ihnen etwas zeigen?

Hotel

- Wir haben jeden Abend eine Heilmasseurin im Haus. Darf ich Ihnen einen Termin buchen?
- Wollen Sie ein Zimmer mit oder ohne Home-Trainer?

Museum

- Darf ich Ihnen unseren neuen Farbkatalog dazulegen?
- Darf ich Ihnen einen Platz für die nächste Führung buchen?

Fahrrad

- Wie wichtig ist Ihnen ein weicher Sattel?
- Welches Zubehör hätten Sie denn gerne?

Empfehlung

Die Krönung jedes Verkaufsgesprächs ist die Empfehlung.

Jeder Kunde hat Bekannte, Freunde oder Arbeitskollegen, die sich genau für das Produkt interessieren, das er eben erworben hat. Die Frage ist natürlich, ob er Ihnen diese Namen nennt.

Voraussetzung dafür ist, dass wir den Kunden danach fragen. Die Teilnehmer von Verkaufsseminaren beschreiben das Fragen nach der Empfehlung fast immer als ihre „dickste rote Linie“:

„Wir wollen den Kunden nicht drängen.“, „Wir wollen nicht als ‚Keiler‘ dastehen.“, „Wenn man mich fragt, gebe ich auch ‚keine Adressen‘ bekannt.“

Grundsätzlich ist es nicht gut, den Kunden bei der Frage nach Empfehlungen zu drängen. Andererseits zeigt aber die Erfahrung, dass wir zumindest in jedem dritten Verkaufsgespräch mindestens einen Namen genannt bekommen. Ein neuer Name ist für jeden Verkäufer wichtiges Kapital.

Eine Empfehlung ist ein Türöffner. Selbstverständlich kann uns niemand die Aufgabe abnehmen, den Kunden persönlich zu überzeugen, aber der Anfang fällt uns viel leichter, wenn wir uns auf die Empfehlung von Herrn X berufen können.

In traditionellen Dienstleistungsberufen, wie zum Beispiel Finanzdienstleistung, ist die Frage nach Empfehlungen schon eher verbreitet. Aber auch in vielen anderen Branchen können Sie davon profitieren.

Der Kunde des Immobilienmaklers kennt vielleicht jemanden, der auch gerade ein Haus oder eine Wohnung sucht. Der Kunde, der eben eine neue Markise bekommen hat, kennt wahrscheinlich Nachbarn, die dieses Problem noch nicht gelöst haben. Die Frau, die mit der Massage so zufrieden ist, kennt bestimmt auch Kolleginnen, die daran Interesse haben. Es zahlt sich immer aus, zufriedene Kunden zu fragen, wen sie kennen, der von dieser Ware oder dieser Dienstleistung noch profitieren könnte.

Eine beliebte Ausrede von Verkäufern auf die Frage, warum sie die Empfehlung nicht angesprochen haben, ist folgende: „Ich habe es ganz einfach vergessen.“ Dann wird es aber dringend Zeit, Maßnahmen zu ergreifen. In allen Branchen, in denen zum Kaufabschluss ein Vertrag nötig ist, gibt es vorgedruckte Formulare. Wenn Sie in die Nähe des Feldes, das für die Unterschrift des Kunden vorgesehen ist, eine Markierung oder ein Symbol anbringen, dann können Sie es ganz einfach nicht mehr vergessen. Es bleibt dann aber immer noch Ihre persönliche Entscheidung, ob Sie die rote Linie überschreiten und die Empfehlung tatsächlich ansprechen. Ich habe ja schon erläutert, dass wir für den Verkaufserfolg prinzipiell selbst verantwortlich sind. Gerade beim Thema Empfehlung entscheiden wir uns immer wieder von Neuem, ob wir erfolgreich sein wollen oder nicht.

Viele Verkäufer versuchen die direkte Ansprache von Empfehlungen vermeinlich elegant zu umgehen, indem sie an ihre Kunden Visitenkarten verteilen – eine recht beliebte Methode: „Darf ich Ihnen ein paar Visitenkarten mitgeben? Vielleicht können Sie mich ja weiterempfehlen!" Grundsätzlich können mit dieser Methode auch immer wieder neue Kundenbeziehungen entstehen, aber eine größere Ausweitung des Kundenpotenzials ist damit (jedenfalls kurzfristig) nicht zu erreichen. Bei dieser Methode sollten Sie sich darüber im Klaren sein, dass Sie die Verantwortung und das Handeln in die Hände des Kunden legen. Wird er die Visitenkarten bei Bedarf weiterreichen? Wird dieser Interessent Sie dann auch tatsächlich anrufen?

Sie sehen, es führt im Grunde genommen kein Weg an der direkten Ansprache vorbei: Nur dann wissen Sie, ob der Kunde Ihnen Namen nennt oder nicht. Nur dann können Sie selbst aktiv werden, haben Sie die Fäden selbst in der Hand. Auch zu wissen, dass Sie von diesem oder jenem Kunden keine Empfehlung erhalten – sei es, dass er wirklich niemanden kennt, dass er es aus irgendeinem Grund nicht möchte, oder dass er vielleicht doch nicht ganz so zufrieden war –, hilft Ihnen insofern, als Sie Klarheit erhalten und sich überlegen können, welche Schritte Sie als Nächstes angehen werden.

Bei der Umsetzung der Empfehlungsgespräche sind Ihrer Kreativität keine Grenzen gesetzt. Sie sollten sich aber an folgenden Ablauf halten:

1. **Stellen Sie sicher, dass sich der Kunde von Ihnen gut beraten fühlt:**

   Sie können sich nur sicher sein, wenn Sie den Kunden gefragt haben. Die Frage könnte lauten: „Herr Kunde, wie zufrieden waren Sie mit meiner Beratung?" Denken Sie auch daran, nach der Frage die Pause auszuhalten, damit die Frage wirken kann und der Kunde Zeit hat zu überlegen.

2. **Ermitteln Sie das Potenzial des Kunden:**

   „Was glauben Sie, wer aus Ihrem Bekanntenkreis kann von meiner guten Beratung auch profitieren?"

   „Wen kennen Sie, der dieses Produkt/diese Dienstleistung auch brauchen kann?"

3. **Legen Sie das weitere Vorgehen fest:**

   „Darf ich Herrn/Frau XY anrufen und mich auf Sie beziehen?"

   „Wollen Sie Herrn/Frau XY vorher von meinem Anruf informieren? Bis wann wird Ihnen das möglich sein?"

4. **Verwalten Sie Ihre Empfehlungsadressen professionell:**

   Sobald der Kunde Namen genannt hat, haben Sie die Verpflichtung, sich mit diesen Personen möglichst rasch in Verbindung zu setzen. Halten Sie genau fest, was Sie mit dem potenziellen Neukunden vereinbaren. Wenn z. B. aus irgendwelchen Gründen ein weiterer Anruf zu einem späteren Zeitpunkt vereinbart wurde, sollten Sie diese Vereinbarung auf jeden Fall einhalten.

Führen Sie sich immer wieder vor Augen: Zufriedene Kunden sind ein Potenzial, das bei der Gewinnung von Neukunden unbedingt ausgeschöpft werden muss.

Plus und Minus: Beispiele aus Verkaufssituationen

Zum Abschluss dieses Kapitels möchte ich Ihnen noch einige Verkaufssituationen schildern, die ich entweder als Kunde selbst erlebt oder beobachtet habe. In diesen Beispielen werden Einstellungen und Verhaltensweisen, auf die es im Verkaufsgespräch ankommt, deutlich sichtbar. Wenn Sie die anschließenden Tipps in Ihrer Praxis berücksichtigen, werden Sie künftig zufriedene Kunden haben.

☺	Aufgrund langjähriger Kontakte meiner Familie kaufte ich mein neues Auto bei einem Händler, der über 100 km von meinem Wohnort entfernt liegt. Als der erste Service anstand, suchte ich diesen Händler wieder auf, obwohl es auch in meinem Wohnort die Möglichkeit gegeben hätte, den Service durchzuführen. Als ich die Rückreise antrat stellte ich fest, dass mein Wagen voll aufgetankt war.
▶	**Zeigen Sie dem Kunden, wie sehr Sie seine Treue schätzen!**
☹	Als ich in einer Boutique für meine Frau etwas Schönes erstehen wollte, beschränkte sich die Unterstützung der Verkäuferin auf den Hinweis, ich sollte mich einmal umsehen. Ich stellte selbst eine Kombination aus Top und Jacke zusammen, die dem Geschmack meiner Frau entsprach. Liebe Verkäuferin in der Boutique: Es wäre viel mehr „drin" gewesen. Das ist umso tragischer, als es sich bei der Verkäuferin um die Geschäftsführerin der Boutique handelte.
▶	**Stellen Sie dem Kunden Fragen. Nur so wird ihm sein Kaufmotiv klarer!**
☺	Im Rollenspiel eines Seminars ging es um den Verkauf einer privaten Unfallversicherung. Der Kunde war schon überzeugt, wollte aber noch ein paar Tage überlegen. Der Verkäufer packte seine Unterlagen zusammen, stand auf und sagte: „Herr Kunde, jetzt habe ich ein schlechtes Gefühl, wenn ich gehe. Sie haben selbst die Notwendigkeit einer privaten Unfallvorsorge angesprochen. Wenn ich jetzt gehe, weil Sie noch überlegen wollen, sind Sie in den nächsten Tagen noch nicht versichert!"
▶	**Zeigen Sie dem Kunden klar den Nachteil auf, den der Aufschub einer Kaufentscheidung für ihn bedeuten kann!**

☹ Verkaufsgespräch in einem Elektronikfachmarkt:

Verkäufer: „Wie kann ich Ihnen helfen?“
Kunde: „Ich interessiere mich für eine Digitalkamera.“
Verkäufer: „An welchen Preis haben Sie denn gedacht?“
Kunde: „Betrag X.“
Verkäufer: „Ach so, Sie interessieren sich für das Niedrigpreissegment. Kommen Sie bitte mit mir ...“

▶ Wenn Sie gleich zu Beginn des Gesprächs die Frage nach dem Preis stellen, verbauen Sie dem Kunden alle Möglichkeiten, ein Produkt zu finden, das genau zu ihm passt.

☺ „So, mein Herr, ich darf Ihnen das Geschenk noch schön verpacken. Wollen Sie inzwischen noch in die Abteilung X schauen? Dort finden Sie ein paar besonders schöne Stücke, die wir eben erst bekommen haben.“

▶ Bieten Sie Möglichkeiten an, Wartezeiten zu überbrücken!

☹ Ein Herr im Business-Dress betritt die Abteilung „Stoffe“ eines Möbelhauses. Er erkundigt sich, wie er zu zehn Metern eines Stoffes kommt, den zu kaufen ihm seine Frau anscheinend aufgetragen hat. Die Verkäuferin weist darauf hin, dass er sich den Stoff auf dem Tisch, auf den sie mit der Hand zeigt, selbst herunterschneiden kann.

Der Mann hantiert umständlich mit Stoff und Schere. Die Verkäuferin steht inzwischen an der Informationsinsel der Abteilung und führt ein Telefonat.

▶ Wenn Sie wollen, dass der Kunde wiederkommt, dann kümmern Sie sich um ihn!

☺ Bei einem Seminar ruhte ich mich im Zimmer aus, anstatt am Mittagessen teilzunehmen. Die Rezeptionistin rief an und sagte: „Ich habe gehört, dass sie nicht zum Essen erschienen sind. Darf ich Ihnen etwas hinaufbringen lassen?“

▶ Zeigen Sie dem Kunden, dass Sie sich über das gewohnte Maß hinaus um ihn kümmern!

☹	In einem Blumengeschäft versicherte mir die Verkäuferin, dass alle Gebinde an diesem Tag frisch hergestellt worden seien. Als ich am nächsten Tag wieder dasselbe Blumengeschäft betrat, fiel mir sofort auf, das die Gebinde dieselben waren wie am Vortag. Die Verkäuferin behauptete aber auch diesmal, dass alles frisch sei.

► **Unwahrheiten sind der Anfang vom Ende einer guten Kundenbeziehung.**

☺	Weil mein Computer merkwürdige Geräusche von sich gab, rief ich in dem großen Fachmarkt an, in dem ich das Gerät erstanden hatte. In der Serviceabteilung erklärte mir ein freundlicher junger Mann, dass er das Problem kenne. Bei mehreren Geräten dieser Marke sei das Problem bereits aufgetreten und könne dadurch behoben werden, dass der Lüfter getauscht werde.

Techniker:	„Wann können Sie das Gerät vorbeibringen?"
Kunde:	„Das Gerät abzubauen und vorbeizubringen ist für mich mit einem großen Aufwand verbunden. Gibt es keine andere Möglichkeit?"
Techniker:	„Ich könnte nach der Dienstzeit bei Ihnen vorbeikommen und den Lüfter austauschen. Ist Ihnen das ein kleines Trinkgeld wert?"
Kunde:	„Natürlich. Können Sie heute noch kommen?"
Techniker:	„Ja. Passt es Ihnen um ca. 19.00 Uhr?"
Kunde:	„Ja, das passt sehr gut!"

► **Verblüffen Sie den Kunden durch Ihre flexible Haltung!**

☹	In einem Spezialgeschäft erkundigte ich mich nach den Möglichkeiten, meine Terrasse mit einem Glasvorbau zu überdachen. Es ging um einen Auftrag von ca. 20 000 Euro. Nachdem ich eine Zeitlang durch den Schauraum gewandert war, ohne dass ein Verkäufer auf mich zugekommen wäre, sprach ich selbst einen Verkäufer an. Kunde: „Ich interessiere mich für einen Glasvorbau für unsere Terrasse." Verkäufer: „Der Kollege, der sich damit am besten auskennt, ist leider nicht da. Können Sie morgen wiederkommen?"
► **Schicken Sie niemals einen Kunden fort, er kommt vielleicht nie wieder!**	
☺	In einem Spezialgeschäft für Papierwaren befindet sich eine große Auswahl von Geschenkpapieren als Blickfang gleich hinter dem Eingang. An vorderster Stelle platziert sind die besonders schönen Bögen. Die Kunden greifen automatisch nach den schönen Bögen. Die Verkäuferin an der Kasse sagt zum Kunden: „Sie haben ja ein besonders schönes Papier ausgesucht!" Der Kunde fühlt sich in seinem guten Geschmack bestätigt und zahlt ohne Widerrede einen „stolzen Preis" für zwei Bögen Geschenkpapier.
► **Bestärken Sie den Kunden in seiner Entscheidung!**	

Ihr persönlicher Weg zum Profi im Verkauf

Wenn Sie dieses Buch bis hierher durchgearbeitet haben, konnten Sie alle notwendigen Aspekte entdecken, die Sie auf dem Weg zum Profi im Verkauf begleiten werden. Auf den folgenden Seiten geht es darum, Ihnen die einzelnen Bausteine auf diesem Weg noch einmal in Erinnerung zu rufen und sie auf Ihre ganz persönliche Entwicklungssituation zu beziehen.

„Der Profi im Verkauf" ist eine klar definierbare Entwicklungsrichtung, der Sie sich in Ihrem bisherigen Leben als Verkäufer – mehr oder weniger – angenähert haben. Diese Entwicklung ist niemals abgeschlossen, wir erleben jeden Tag neuartige Kundensituationen, die uns besonders herausfordern. Wir entdecken aber auch bei uns täglich neue Aspekte unserer Persönlichkeit, die immer wieder reflektiert und bearbeitet werden wollen, um den Weg zum Profi im Verkauf nicht zu verlassen.

Wer in seiner Entwicklung stehen bleibt, hört sofort auf, erfolgreich zu sein. Unternehmen, Märkte und vor allem Kunden entwickeln sich weiter und fordern zu Recht den Verkäufer, der sich immer wieder der aktuellen Situation anpassen kann.

Der Weg zum Profi im Verkauf endet nie.

Auf diesem Weg treffen wir immer wieder auf Gabelungen und entscheiden uns für eine Richtung. Manchmal entscheiden wir uns richtig, ein anderes Mal weniger gut. Es ist notwendig, diese Entscheidungen und das daraus folgende Verhalten im Verkaufsgespräch immer wieder auf seine Wirkung hin zu überprüfen und gegebenenfalls Veränderungen einzuleiten.

Den Profi im Verkauf kann man mit folgenden Merkmalen und Fähigkeiten skizzieren:

Der Profi im Verkauf

- entwickelt sich ständig weiter.
- geht bewusst über die „rote Linie".
- denkt nicht in Rechtfertigungen und Schuldzuweisungen.
- weiß, dass es immer einen Markt gibt.
- handelt mit freundlicher Hartnäckigkeit.
- führt das Verkaufsgespräch durch Fragen.
- beantwortet Einwände mit Freude.
- kennt die Produkte seines Unternehmens.
- hat ein ausreichendes Empfehlungspolster.
- hat täglich mehrere Verkaufsgespräche.
- weiß, dass das Nein zu seinem Job gehört.
- erkennt seine Fitness als wichtigste Ressource.

Der Profi im Verkauf entwickelt sich ständig weiter

Wenn wir glauben, mehr zu sehen als andere, besteht die Gefahr, dass wir uns schon „verrannt" haben. Der Weg zum Profi im Verkauf verlangt von uns, dass wir unsere Einstellungen und Verhaltensweisen ständig an die Erfordernisse des Marktes und der Kunden anpassen. Was gestern noch durchaus richtig war, kann morgen schon der völlig falsche Weg sein.

Damit Sie Ihren „Steuerkurs" immer wieder justieren können, ist der Austausch mit Kollegen, aber auch das „Selbstcoaching" von immenser Bedeutung. Nehmen Sie im Verkaufsgespräch hin und wieder die „Vogelperspektive" ein und beobachten Sie genau, was „da unten" passiert. Sehen Sie einen Verkäufer, der

Fragen stellt und den Kunden damit in die Lage versetzt, sein Kaufmotiv selbst zu entwickeln, oder sehen Sie einen Verkäufer, dem es vor allem darauf ankommt, seine Produkte zu präsentieren?

Die Reflexion des eigenen Verkaufsverhaltens und das Überprüfen der damit erzeugten Wirkung beim Kunden gehört in Ihren Wochenplan fix verankert. Lassen Sie sich nicht nur vom Tagesgeschäft „treiben“, sondern nehmen Sie sich das notwendige „Time-out“, um das, was Sie tun, zu überprüfen.

Die Weiterbildung durch den Besuch von persönlichkeitsbildenden Seminaren bzw. von Seminaren, die Ihre Verkaufstechnik verfeinern, ist eine effiziente Form der Weiterbildung. Nicht zuletzt haben Sie jetzt dieses Buch als Ressource zur Verfügung, das Sie immer wieder zur Hand nehmen können, um zu überprüfen, bei welchem Meilenstein auf dem Weg zum Profi im Verkauf Sie mittlerweile angelangt sind.

Der Profi im Verkauf geht bewusst über die „rote Linie"

Die Herkunft und Wirkungsweise der „roten Linie“ habe ich zu Beginn des Buches ausführlich beschrieben. Das Überschreiten der „roten Linie“ ist das zentrale Erfolgselement auf dem Weg zum Profi im Verkauf.

Wir können nicht wissen, wo wir hin wollen, wenn wir nicht wissen, wo wir gerade sind. Nehmen Sie sich ein Blatt zur Hand und schreiben Sie bewusst auf, was Ihnen im Verkauf schwerfällt und vielleicht auch Angst auslöst, das also, was für Sie persönlich Ihre „roten Linien“ sind.

Wenn Sie sich dann vornehmen, die eine oder andere „rote Linie“ in den nächsten Wochen ganz bewusst zu überschreiten, werden Sie feststellen, dass diese Handlung für Sie keine „rote Linie“ mehr darstellt. Der Weg aus der Angst führt nur durch die Angst. Erst wenn Sie es „getan“ haben, wissen Sie, dass Sie es können.

Das Glücksgefühl, das Sie dabei erleben, wird Sie dazu führen, diese Situation immer und immer wieder erleben zu wollen. Und je öfter Sie eine Handlung setzen, desto routinierter werden Sie dabei. Der erste Salto Ihres Lebens löst bei Ihnen Angst aus. Wenn Sie das Glücksgefühl beim Auftauchen aber einmal gespürt haben, werden Sie diese Situation immer wieder suchen.

Der Profi im Verkauf denkt nicht in Rechtfertigungen und Schuldzuweisungen

Wenn wir die „rote Linie" nicht überschritten haben und uns jemand fragt, wieso wir es nicht getan haben, dann fallen uns sofort Rechtfertigungen und Schuldzuweisungen ein – einfach gesagt Ausreden: Der Kunde ist schuld, das Produkt, die Führungskraft. Nur wir selbst nicht.

Die eigenen Ausreden genau zu identifizieren, erfordert ein hohes Maß an Ehrlichkeit zu sich selbst. Ausreden sind zwar ein psychisch sinnvolles Phänomen. Sie bewahren uns davor, dass wir uns ständig damit befassen müssen, versagt zu haben. Dieser Vorgang würde auf die Dauer zu viel Energie kosten und unser Selbstwertgefühl empfindlich angreifen.

Auf der anderen Seite haben Ausreden aber noch nie ein Problem gelöst. Für den Verkäufer ist der erste Schritt, das eigene Verhalten zu verändern, seine persönlichen typischen Ausreden aufzulisten. Zumindest jene, die er mit seinem Handeln beeinflussen kann, darf der Verkäufer für sich nicht mehr akzeptieren.

Selten sind es die Umstände, die unsere Handlungsmöglichkeiten einschränken. Wer sich immer nur als Opfer der Umstände betrachtet, wird sich nicht weiterentwickeln. Legen wir deshalb den Schwerpunkt nicht darauf zu erklären, warum etwas nicht geht, sondern darauf zu überlegen, wie wir es schaffen können.

Der Profi im Verkauf weiß, dass es immer einen Markt gibt

Mit dem Markt ist es wie mit dem Wetter: Es gibt immer einen. Es gibt auch kein schlechtes Wetter, sondern höchstens ungeeignete Kleidung. Die „ungeeignete Kleidung“ des Verkäufers ist die falsche Einstellung oder eine unausgefeilte Arbeitstechnik.

Produkte kommen auf den Markt, weil der Markt da ist und umgekehrt. Wenn ein neues Produkt auf den Markt kommt, entwickelt sich die Nachfrage. Wer hätte damals, als der magische Würfel auf den Markt kam, gedacht, dass Millionen von Menschen sich damit stundenlang beschäftigen würden? Den Markt zu erzeugen setzt die Fähigkeit des Verkäufers voraus, Bedürfnisse zu wecken – also Fragen zu stellen.

Verschwenden Sie nicht Ihre Energie darauf zu erklären, dass das Produkt in Ihrer Region bei der miesen Kaufkraft oder bei dem geringen Anteil an Jugendlichen schwerer verkäuflich ist als anderswo. Verkäufer mit der richtigen Einstellung und der passenden Technik haben schon mehr als einmal gezeigt, dass man auch gegen den Trend erfolgreich sein kann. Es liegt ganz an Ihnen, wie Sie dazu stehen.

Der Profi im Verkauf handelt mit freundlicher Hartnäckigkeit

Oft haben wir Kunden, die knapp vor dem Abschluss standen, schon „ziehen“ lassen, weil der Kunde es sich noch überlegen bzw. sich noch am Markt umsehen wollte.

Dieser Kunde ist dann mit einem Kaufmotiv im Bauch „herumspaziert“ und hat bei der nächsten Gelegenheit, die sich ihm bot, sein Motiv befriedigt. Sie haben die ganze Arbeit einer seriösen Beratung geleistet, dann kommt ein anderer, stellt dem Kunden ein paar Fragen, und der Kunde kommt mit dem anderen ins Geschäft.

In manchen Branchen wird der Begriff des „Beraters“ oder „Betreuers“ dem Begriff „Verkäufer“ vorgezogen. Auch bei meinen Verkaufsseminaren kommt es mir oft so vor, als gebe es eine Scheu mancher Teilnehmer, sich selbst als Verkäufer zu sehen. Verkauf hat immer noch den Beigeschmack von „jemanden über den Tisch ziehen“, mit „Berater“ oder „Betreuer“ wird offensichtlich etwas Positiveres verbunden.

Abschlussstärke heißt eigentlich nur, zu wiederholen, was der Kunde schon selbst gesagt hat, und mit dem daraus folgenden logischen Schluss den Kauf zu beenden. Wenn die Phase der Motivforschung gut gelaufen ist, dann hat sich der Kunde das Produkt schon selbst verkauft.

Viele Kunden brauchen aber zur Umsetzung ihrer Entscheidung in die aktive Handlung des Abschlusses den freundlichen, aber deutlichen „Schubs“. Wenn ein Kunde Kaufinteresse zeigt, dann lassen ihn gute Verkäufer nicht mehr los. Entweder führt das Gespräch zum Abschluss, oder der Verkäufer trifft eine Vereinbarung mit dem Kunden, wie der Beratungsprozess fortgeführt wird.

Die Kunden schätzen es, wenn sie spüren, dass Ihnen Ihr Beruf Freude bereitet. Die Kunden schätzen auch Ihre Hartnäckigkeit beim Abschluss, sofern Sie dem Kunden vorher geholfen haben, sein Kaufmotiv zu finden.

Der Profi im Verkauf führt das Verkaufsgespräch durch Fragen

Die Fragetechnik gehört zu den wichtigsten Arbeitstechniken im Verkauf. Den Sinn und Ablauf der Motivforschung habe ich ausführlich beschrieben. Worum es dabei geht, zeigt die Aussage eines Teilnehmers: „Das Schönste, was ich in der Zeit zwischen den Seminarblöcken erlebt habe“, berichtete der Verkäufer, „war, dass ich die Lust am Fragenstellen entdeckt habe.“ Wenn

Sie diese „Lust“ entdeckt haben, sind Sie einen entscheidenden Schritt weiter!

Der Weg zum Profi im Verkauf verlangt von uns, dass wir vom „Produktzusteller“ zum „Fragensteller“ werden. Ich habe schon ausgeführt, wie sehr die Lust am Fragenstellen in uns allen in der Kindheit bereits ausgeprägt war. Uns sind so viele Fragen zu dieser schönen Welt eingefallen, dass wir unsere Eltern damit ganz schön geplagt haben. Sehr bald haben wir das Fragenstellen aber wieder verlernt. Entweder, weil es uns von den Eltern „aberzogen“ worden ist, oder wir haben spätestens in der Schule gemerkt, dass es nicht darum geht, Fragen zu stellen, sondern Produkte zu generieren. Für das gute Diktat sind wir von den Lehrern gelobt worden. Wer aber zu viel gefragt hat, war leicht der Vermutung ausgesetzt, dass er zu wenig aufpasst und deshalb auch zu wenig verstanden hat.

Bei der Ausbildung von Verkäufern hat auch heute noch die Vermittlung von Produktwissen einen zentralen Stellenwert, die Verkaufsausbildung im eigentlichen Sinne kommt fast immer zu kurz.

Landläufig bezeichnet, war der Verkäufer auch immer der, von dem man erwartete, das er „viel“ und „gut“ reden konnte. Gemeint war damit natürlich „überreden“. Das hat aber mit Verkauf im Sinne von „Bedarf wecken“ und „Bedarf befriedigen“ wenig zu tun.

Fragen zu stellenist von der Anforderung an den Verkäufer viel leichter als Produkte zu präsentieren. Beim Präsentieren müssen wir ständig Argumente bringen. Wir quälen uns oft ab, bis der Kunde zumindest eine Vorstellung von dem hat, was wir glauben, dass er es jetzt dringend braucht. Fragen zu stellen ist eine Tätigkeit, bei der wir uns „zurücklehnen“ können. Wir überlassen dem Kunden die Initiative. Wir hören nur zu, um aus den Antworten des Kunden die nächste Frage zu formulieren. Eigentlich der einfachere Weg.

In Verkaufsseminaren und beim Coaching von Verkäufern merkt man jedoch schnell, wie schwer uns das fällt. Erstens einmal ist der Kunde es nicht gewohnt, dass ihm Fragen gestellt werden. Er ist gewohnt, dass sein Verkäufer ihm etwas präsentiert, das er wohl brauchen wird. Wenn aber der Verkäufer nach der Frage eine Pause macht, um die Frage wirken zu lassen und den Kunden zum Nachdenken zu bewegen, dann entsteht eine Situation, die wir schwer aushalten. Dahinter steckt die Angst vor dem „Nichts", dem „Schweigen", der „Leere", eine Situation, die wir scheinbar nicht kontrollieren können, eine Situation, in der wir nicht aktiv sind. Genau das fällt Verkäufern, die Aktivität gewohnt sind, so schwer. Gerade die Pause ist aber die Voraussetzung dafür, um den Kunden mit seinen Gedanken auf den richtigen Weg zu bringen.

Wenn Sie nach der Lektüre dieses Buches das Fragenstellen in der Praxis probieren, möchte ich Sie darauf hinweisen, dass Sie sich zu Beginn vielleicht „komisch" vorkommen werden. Es gibt keinen härteren Klebstoff als die Macht der Gewohnheit. Eine jahrelang trainierte Verhaltensweise kann nicht so schnell verändert werden. Lassen Sie sich davon aber nicht irritieren, machen Sie weiter.

Die Gefahr besteht darin, dass wir aus Frust schnell wieder in den alten Trott verfallen. Wenn Sie aber konsequent darauf achten, nicht in diese Falle zu tappen, sondern weitermachen, dann werden Sie das wirklich Schöne in Ihrem Beruf sehr schnell entdecken: die Lust am Fragenstellen.

Der Profi im Verkauf beantwortet Einwände mit Freude

Einwände im Verkaufsgespräch lösen bei uns dann Unbehagen aus, wenn wir nicht wissen, wie wir dem Einwand des Kunden begegnen sollen. Der Kunde spürt, dass da etwas „nicht stimmt", weil wir uns eine fadenscheinige Antwort auf seinen Einwand „aus den Fingern saugen". Die Bedenken, Sorgen oder

Fragen des Kunden können wir damit aber nicht wirklich ausräumen.

Warum der Kunde Einwände vorbringt und wie wir diesen begegnen können, haben wir schon ausführlich dargestellt. Die Herausforderung für Ihre persönliche Entwicklung zum Profi im Verkauf besteht nun darin, die Einwände, die Ihre Kunden Ihnen immer wieder entgegnen, aufzuschreiben und sich entsprechende Antworten zu überlegen. Diese sollen dem Kunden entweder einen Vorteil aufzeigen, den er bisher nicht bedacht hat, oder ihm zumindest Recht geben, dass er mit seinem Einwand ein Manko Ihres Produktes oder Ihrer Dienstleistung erkannt hat, das nicht auszuräumen ist.

Halten Sie diese Liste immer aktuell und trainieren Sie ständig die Beantwortung dieser Einwände. Die Antworten darauf sollen jederzeit für Sie abrufbar sein – so wie Ihr Name oder Ihr Geburtsdatum.

Wenn Sie wissen, welche Einwände der Kunde vortragen wird, und wenn Sie auch wissen, wie Sie damit umgehen werden, dann können Sie sich darauf freuen. Im Verkaufsgespräch zeigen Sie dann, wie professionell zu agieren Sie im Stande sind. Wenn der Kunde den Einwand bringt, werden Sie ihm ruhig und überzeugt in die Augen sehen und seinen Einwand beantworten. Der Kunde wird das schätzen.

Der Profi im Verkauf kennt die Produkte seines Unternehmens

Beim Lesen dieses Buches sollte nicht der Eindruck geweckt werden, dass Fachwissen für den Verkauf nicht wichtig sei, weil der Schwerpunkt der Ausführungen das Fragenstellen betrifft.

Natürlich ist das Fachwissen über die Produkte und Abläufe in Ihrem Unternehmen immens wichtig. Je mehr Sie darüber wissen, desto eher werden Sie auch die Vor- und Nachteile Ihres

Produkts im Vergleich zu Konkurrenzprodukten verstehen und diese dem Kunden gegenüber argumentieren können.

Die Gefahr eines umfassenden Fachwissens besteht darin, dass wir uns bemüßigt fühlen, dem Kunden zu zeigen, was wir alles „drauf haben“, und dabei das Fragenstellen vergessen. Je mehr Sie über ein Produkt wissen, desto besser. Aber: Haben Sie die Disziplin, dem Kunden keine Fragen zu beantworten, die er nicht stellt!

Unmittelbar nach dem Abschluss des Geschäfts ist die Gefahr besonders groß, dass wir glauben, dem Kunden noch schnell etwas über das Produkt erzählen zu müssen. Es kann ja nicht sein, dass er jetzt schon unterschreibt, wo er doch so vieles über das Produkt noch nicht weiß. Mit dieser Taktik sind schon viele Verkaufsgespräche knapp vor dem Abschluss gescheitert.

Trachten Sie also danach, von den Produkten Ihres Unternehmens und jenen der Mitbewerber möglichst viel zu wissen, damit Sie dieses Wissen abrufen können, wenn der Kunde Sie danach fragt. Widerstehen Sie aber der Versuchung, den Kunden damit zu „überfallen“.

Der Profi im Verkauf hat ein ausreichendes Empfehlungspolster

Die Frage nach der Empfehlung ist die Krönung in jedem Verkaufsgespräch. Jeder Verkäufer lebt von der Frequenz der Verkaufsgespräche. Auch wenn Sie im Außendienst einen Kundenbestand betreuen, der Sie auslastet, ist der Blick nach neuem Kundenpotenzial immer interessant.

Ein Kunde, der Ihnen Namen nennt, gibt Ihnen ein schönes Feedback, er zeigt Ihnen dadurch, wie sehr er mit Ihrer Leistung zufrieden ist. Jeder Verkäufer kennt Phasen, in denen es zu Flauten in der Frequenz von Verkaufsgesprächen kommt. Dann sind „frische Adressen“, die Sie bearbeiten können, für Sie sehr wichtig.

Wenn Sie im Innendienst arbeiten, erfordert die Empfehlungstechnik eine andere Vorgehensweise, weil der Kunde zu Ihnen kommt und nicht Sie zu ihm. Überlegen Sie, welchen Vorteil Sie einem Kunden bieten können, der einen neuen Kunden zu Ihnen bringt. Dabei sind Ihrer Kreativität keine Grenzen gesetzt.

Der Profi im Verkauf hat täglich möglichst viele Verkaufsgespräche

Das direkte Gespräch mit dem Kunden nimmt in der Arbeitszeit eines Verkäufers im Durchschnitt viel weniger Zeit ein, als man vermuten würde. Für Bürotätigkeit, Besuchsvorbereitung, Lagerarbeiten, Autofahrten, Besprechungen, Weiterbildung, private Erledigungen, Sortieren von Ware usw. wird viel mehr Zeit aufgewendet, als dem Verkäufer meist bewusst ist.

Ich möchte nicht verleugnen, dass manche dieser genannten Tätigkeiten wirklich nicht aufschiebbar sind, oft sind sie aber auch nur ein Vorwand. Das Verkaufsgespräch hat für den Verkäufer absolute Priorität. Fast alle Verkäufer haben bei der Frequenz der täglichen Verkaufsgespräche noch Potenziale frei.

Junge Verkäufer starten nach ihrer Grundausbildung im Verkaufsalltag. Die Einarbeitung durch die Führungskraft vor Ort klappt oft nicht nach Wunsch. Der junge Mann sitzt dann im Büro, studiert Unterlagen, lernt Formulare auszufüllen. Am Abend ist er müde vom anstrengenden Tag. Er hat das Gefühl, etwas geleistet zu haben, ohne dass er einen Kunden gesehen hat.

Es geht nicht immer nur darum, mehr zu arbeiten, es geht aber in jedem Fall darum, den „Point of Sale“ optimal zu nutzen. Wenn Sie in jedem Verkaufsgespräch dem Kunden so lange Fragen stellen, bis Sie mehrere Produkte platzieren konnten, dann haben Sie Ihre Schlagkraft und damit Ihren Erfolg erhöht.

Auf Ihrem Weg zum Profi im Verkauf lade ich Sie ein, gründlich zu überlegen, was Sie tun können, um die Anzahl der Kundenkontakte zu erhöhen. Sie werden entdecken, dass vielfach Prioritäten falsch gesetzt sind bzw. dass Sie auch bezüglich Ihrer Arbeitszeit noch Potenziale frei haben.

Nehmen Sie sich ein Mindestmaß an täglichen Verkaufsgesprächen vor, und achten Sie akribisch darauf, diese Vereinbarung mit sich selbst auch einzuhalten.

Der Profi im Verkauf weiß, dass das „Nein" zu seinem Job gehört

Weiter oben haben wir ausgeführt, dass wir schon als Kinder mit dem Nein der Eltern und Erziehungsberechtigten schwer umgehen konnten. Menschen neigen dazu, das Nein persönlich zu nehmen, auch wenn es mit ihnen als Person ursächlich nichts zu tun hat.

Wenn Sie einen Kunden zur Betreuung zugeteilt bekommen, der schon jahrelang nichts von Ihrem Unternehmen gehört hat, dann wird er Sie möglicherweise aggressiv behandeln. Es ist dabei aber völlig gleichgültig, welche Person aus Ihrem Unternehmen diesen Kunden besucht, er würde jeden gleich aggressiv behandeln. Denn er ist ja über das Unternehmen, das Sie repräsentieren, verärgert. Das Verhalten dieses Kunden hat mit Ihnen als Person nichts zu tun. Trotzdem neigen wir dazu, von Abneigung persönlich betroffen zu sein.

Unsere Reaktion erfolgt dann meist aus dieser persönlichen Betroffenheit heraus. Nur wenn es gelingt, die „Person" und die „Rolle", die wir gerade repräsentieren, voneinander zu trennen, werden wir das Verhalten des Kunden nicht persönlich nehmen und bleiben somit in der Rolle des Verkäufers handlungsfähig. Das heißt, dass wir dem Kunden vorerst einmal mit einer möglichst neutralen Einstellung zuhören werden. Er soll damit die

Gelegenheit haben, „seinen Dampf abzulassen". Danach ist er für unsere Fragen wieder zugänglich.

Das Nein gehört zu unserem Job. Es begleitet uns das ganze Verkäuferleben lang und tritt selbst dann auf, wenn wir das Telefonat oder das Kundengespräch perfekt geführt haben. Für Ihre Entwicklung auf dem Weg zum Profi im Verkauf ist es notwendig, sich durch die Neins nicht vom Weg abbringen zu lassen. Atmen Sie tief durch und arbeiten Sie konsequent weiter. Das nächste Ja ist Ihnen sicher.

Der Profi im Verkauf erkennt seine Fitness als wichtigste Ressource

Ich erinnere mich noch sehr gut an die Zeit, als man gute Besprechungen im Verkauf vor allem an drei Punkten erkennen konnte:

- Es war möglichst spät am Abend.
- Der Kaffeekonsum war groß.
- Die Aschenbecher waren voll.

Mittlerweile hat sich auf der „Fitnesswelle" einiges getan, die Prioritäten haben sich verschoben. Der gesunde Geist in einem gesunden Körper ist wieder salonfähig geworden. Körperliche Fitness ist eine unabdingbare Voraussetzung für Spitzenleistungen – gerade auch im Verkauf. Jede Art von Ausdauersport macht Sie fit für schwierige Verkaufsgespräche und erhöht Ihr körperliches Wohlbefinden. Sie müssen ja nicht gleich Spitzensportler werden. Es reicht durchaus, sich regelmäßig zu bewegen – wobei die Betonung auf „regelmäßig" liegt.

Wenn Sie den Kopf nicht für Ihre Kunden frei haben, weil Sie angespannt oder schlecht gelaunt sind, hilft es Ihnen sicher, sich eine halbe Stunde auf das Fahrrad zu setzen oder einen kleinen Waldlauf zu machen. Sie entspannen sich, und die Welt sieht wieder ganz anders aus.

Planen Sie in Ihrem Kalender bewusst Zeiten für sportliche Aktivitäten ein. Die Zeit, die Sie damit „verlieren“, holen Sie frisch mit Sauerstoff aufgetankt in den folgenden Kundengesprächen mit Sicherheit wieder auf. Die Lust am Sport wird Sie bald genauso fesseln wie die Lust am Fragenstellen.

Mein persönlicher Begleiter auf dem Weg zum Profi im Verkauf

Wenn Sie dieses Buch nun durchgearbeitet haben, haben Sie sich bestimmt auch vorgenommen, Ihr Verhalten im Verkauf da oder dort zu verändern und Vorschläge zu adaptieren. Probieren Sie eine Zeitlang neue Verhaltensweisen aus, beginnen Sie damit sofort.

Wenn Sie das Gefühl haben, dass sich irgendetwas in Ihrem Verhalten gravierend verändert hat, dann sehen Sie sich folgenden Fragebogen an und kreuzen Sie die Punkte so an, wie es Ihrem aktuellen Gefühl entspricht.

Diesen Vorgang können Sie zu einem späteren Zeitpunkt wiederholen. Die Fragen und Ihre Antworten werden Sie auf Ihrem persönlichen Weg zum Profi im Verkauf begleiten.

Ihr persönlicher Begleiter

1. Ich sehe jeden Morgen bewusst in den Spiegel, lächle und freue mich auf die interessanten Herausforderungen dieses Tages.

   trifft zu ① ② ③ ④ ⑤ trifft nicht zu

2. In Bezug auf meine Entwicklung als Verkäufer habe ich einige „rote Linien“ entdeckt, die ich nun ganz bewusst überschreite.

   trifft zu ① ② ③ ④ ⑤ trifft nicht zu

3. Ich weiß, dass ich selbst für meinen Erfolg als Verkäufer verantwortlich bin. Wenn es einmal nicht so geklappt hat, suche ich keine Ausreden, sondern analysiere die Ursachen und ziehe daraus die Konsequenzen.

   trifft zu ① ② ③ ④ ⑤ trifft nicht zu

4. Meine Vorbereitung auf ein Kundengespräch besteht vor allem darin, dass ich mir gute W-Fragen in Erinnerung rufe, die ich meinem nächsten Kunden zu seiner spezifischen Situation stellen werde.

   trifft zu ① ② ③ ④ ⑤ trifft nicht zu

5. Mein Fachwissen über die Produkte meines Unternehmens ist auf dem neuesten Stand.

   trifft zu ① ② ③ ④ ⑤ trifft nicht zu

6. W-Fragen, die geeignet sind, bei meinen Kunden ein Kaufmotiv zu wecken und zu konkretisieren, setze ich in jedem Verkaufsgespräch ein.

   trifft zu ① ② ③ ④ ⑤ trifft nicht zu

7. Ich kenne die Einwände meiner Kunden und habe jederzeit die entsprechenden Entgegnungen parat.

   trifft zu ① ② ③ ④ ⑤ trifft nicht zu

8. Ich nehme mir regelmäßig Zeit, mein Verkaufsverhalten zu analysieren.

   trifft zu ① ② ③ ④ ⑤ trifft nicht zu

9. Ich kenne meine Entwicklungsfelder und plane konsequent meine Weiterbildung.

   trifft zu ① ② ③ ④ ⑤ trifft nicht zu

10. Nach dem Abschluss spreche ich weitere Produkte an.

    trifft zu ① ② ③ ④ ⑤ trifft nicht zu

11. Ein Nein des Kunden ist für mich nicht der Anlass, frustriert zu sein, sondern der Grund, es immer wieder von Neuem zu versuchen.

trifft zu ① ② ③ ④ ⑤ trifft nicht zu

12. Nach dem Abschluss frage ich meinen Kunden, ob er jemanden kennt, der von meiner guten Beratung ebenso profitieren kann.

trifft zu ① ② ③ ④ ⑤ trifft nicht zu

13. Ich nehme mir regelmäßig Zeit, Sport zu treiben.

trifft zu ① ② ③ ④ ⑤ trifft nicht zu

Die Herausforderung auf Ihrem Weg zum Profi im Verkauf besteht in Zukunft nun darin, dass Sie diesen Fragebogen in regelmäßigen Abständen immer wieder durchgehen und Ihr Ergebnis mit jenem vom letzten Mal vergleichen.

Betrachten Sie die Ergebnisse in den einzelnen Bereichen. Sie werden feststellen, dass manche Bewertungen immer besser ausfallen, während andere möglicherweise stagnieren oder sich sogar rückläufig entwickeln. Beobachten Sie diese Veränderungen genau und verwenden Sie Ihre Energie dafür, zu erhalten, was gut läuft, und zu verbessern, womit Sie noch nicht zufrieden sind.

Je öfter Sie mit größerer Überzeugung die Fragen bzw. Aussagen mit „trifft zu“ beantworten können, desto näher sind Sie am Ziel.

Die Entwicklung zum Profi im Verkauf hört niemals auf. Sie ist ein ständiger Prozess, der uns täglich begleitet und uns immer wieder vor neue Herausforderungen stellt. Die Grundlage einer geplanten Entwicklung ist die exakte Analyse dieses Istzustands.

Wenn Sie sich regelmäßig die Mühe machen, den Fragebogen durchzugehen und entsprechende Schritte zu setzen, dann wird Sie auf dem Weg ganz nach oben niemand zurückhalten.

Und vergessen Sie nicht: Sie gehen diese Entwicklungsschritte nicht, um irgendjemandem einen Gefallen zu tun – weder Ihrem Unternehmen noch Ihren Kunden. Sie tun es, damit Sie immer mehr Spaß am Job haben, weil er Ihnen immer besser gelingt.

Sie verbringen täglich viele Stunden in Ihrem Job – mehr als ein Drittel Ihrer gesamten Lebenszeit. Je mehr Sie sich engagieren, desto größer wird Ihr Spaß und damit auch Ihr Erfolg im Job sein.

Lassen Sie mich mit einem Zitat von Sophokles schließen:

Der Himmel hilft niemals denen,
die nicht handeln wollen.

Ich wünsche Ihnen viel Erfolg und Spaß auf Ihrem Weg zum Profi im Verkauf!

Ihr

Kernaussagen im Überblick

Nr.	Seite	Kernaussage
1	14	Beantworten Sie im Verkaufsgespräch keine Fragen, die der Kunde gar nicht stellt.
2	15	Die Freude am Erlebnis bestimmt das Ergebnis.
3	17	Mit dem Markt ist es wie mit dem Wetter: Es gibt ihn einfach.
4	20	Verkaufserfolg setzt voraus, dass Verkaufsgespräche stattfinden.
5	22	Du bist, was du von dir denkst.
6	23	Den Sieger erkennt man am Start!
7	24	Es ist nicht das Produkt, das den Unterschied macht. Der Unterschied besteht ganz allein in der Person, die hinter dem Produkt steht.
8	30	Wer sich im Verkauf entwickeln will, muss über seine „rote Linie" gehen.
9	51	In kaum einem Beruf wird die Arbeitstechnik so wenig ernst genommen wie im Beruf des Verkäufers.
10	55	Die beste Frage verliert ihre Wirkung, wenn wir die Pause danach nicht einhalten.
11	85	Ein Kaufmotiv entsteht nur, wenn wir die richtigen Fragen stellen und die Pausen aushalten können.
12	90	Wir zerbrechen uns oft den Kopf über Vor- und Nachteile von Produkten, die für die Kunden vielleicht gar nicht wichtig sind.
13	113	Einwandbehandlung setzt voraus, dass wir die Einwände der Kunden kennen und ebenso die entsprechende Lösung bereithalten.

Nr.	Seite	Kernaussage
14	132	Wir unterschätzen die Notwendigkeit, Verkaufstechnik zu automatisieren.
15	144	Das Betriebskapital des Verkäufers sind die Kundentermine.
16	165	Eine funktionierende Beziehungsebene ist die Grundlage jeder Kommunikation und damit auch jedes Verkaufsgesprächs.
17	168	Sobald Sie die Kaufmotive des Kunden herausgefunden haben, wiederholen Sie diese am besten mit den Worten des Kunden.
18	172	Der Abschluss ergibt sich als logische Konsequenz einer guten Motivforschung.
19	177	Die Krönung jedes Verkaufsgesprächs ist die Empfehlung.
20	185	Der Weg zum Profi im Verkauf endet nie.

Konkrete Tipps zur Umsetzung – und warum Sie eine Ordnung für sich schaffen sollten

Wenn ich mir dieses Buch mit der Absicht der Überarbeitung Seite für Seite ansehe, dann bin ich fast überrascht, dass sich in den letzten zehn Jahren in den essenziellen Themen des Verkaufes so wenig verändert hat. In den Neuauflagen der letzten Jahre habe ich manche Punkte aktualisiert und ausgebaut, die Grundaussagen sind aber dieselben geblieben. Die Teilnehmer sind von den Seminaren nach wie vor begeistert und überzeugt davon, dass sie diese Themen für die erfolgreiche Durchführung ihrer Verkaufsgespräche wesentlich unterstützen können. Die Umsetzung in der Praxis klappt nach wie vor unterschiedlich gut. Wenn ich Teilnehmer im Rahmen eines „Follow-up"-Trainings wiedersehen kann, dann merke ich oft, dass manche Themen sehr gut umgesetzt und automatisiert worden sind, andere aber weniger. Der Alltagstrott setzt offensichtlich schnell wieder ein. Es schein sehr schwer zu sein, einmal eingeführte Gewohnheiten abzulegen, auch wenn man der festen Überzeugung ist, dass es Verhaltensweisen gibt, die viel einfacher zum Ziel führen könnten.

Wir haben also im Vertrieb nach wie vor weniger ein „Erkenntnisproblem" als ein „Umsetzungsproblem". Das Umsetzen setzt voraus, dass der Einzelne die richtigen Verhaltensweisen für sich selbst automatisiert hat, damit er rote Linien elegant überschreiten kann. Es erfordert aber auch Führungskräfte, die sich selbst mit „sauberer" Arbeitstechnik im Verkauf auskennen, damit sie ihre Mitarbeiter immer wieder in Übungssituationen fit machen und im Führungsprozess das Umsetzen dieser Arbeitsschritte einfordern können. Im Folgenden möchte ich einzelne

Kapitel dieses Buches mit den Erfahrungen der letzten Jahre ergänzen und ein sehr wesentliches Thema neu einführen.

Die rote Linie

Entwicklung tut immer weh – gerade in einem Beruf, in dem man den Ablauf der beruflichen Aktivität im Großen und Ganzen selbst gestalten kann. Die meisten der Verkaufsgespräche beim Kunden oder in einem Ladengeschäft finden ohne Beobachtung eines Coaches statt, sodass der Verkäufer immer wieder von neuem entscheiden muss, ob er bereit ist, seine eigenen Komfortzonen zu überschreiten.

Voraussetzung dafür, dass der Verkäufer seine rote Linie überschreiten kann, ist, dass er diesen Schritt technisch „drauf" hat. Unter Stress setzt das Denken aus, und wenn an der Stelle des Überschreitens der roten Linie nicht der „Automatismus" einsetzt, dann wird dieser Schritt nicht gut gelingen. Oder der Verkäufer setzt an dieser Stelle – was häufig vorkommt – wieder zum Rückzug an. Wenn man ihn anschließend fragt, warum er die andere Sparte nicht angesprochen oder nicht nach der Empfehlung gefragt hat, dann werden wir oft die im Vertrieb geläufigen bekannten Ausreden hören: „Der Kunde hatte wohl kein Interesse" oder „der Kunde wollte nicht mehr".

Wann immer ich solche Themen im Seminar anspreche, dann frage ich die konkrete Aktivität ab, die der Verkäufer in der Praxis an dieser Stelle setzt:

Trainer:	„Herr X, mit welchen Worten fragen Sie nach der Empfehlung?"
Verkäufer:	„Das hängt davon ab … mal so … mal anders."
Trainer:	„Ich bin jetzt Ihr Kunde. Wir haben eben einen Vertrag für eine Finanzierung abgeschlossen. Wie fragen Sie mich nun nach der Empfehlung?"

Verkäufer: „Na gut, also Herr Herndl, …"

Der Verkäufer bringt an dieser Stelle meist eine holprige und unausgereifte Frage nach der Empfehlung. Er sucht nach Worten, und der Beobachter erkennt sofort, dass er diese Frage in der Praxis nicht stellt. Sonst könnte er den Text abrufen.

Trainer: „Was glauben Sie denn, wie sehr mich diese Frage jetzt überzeugt hat?"

Verkäufer: „Wohl nicht sehr."

Trainer: „Wie müsste denn Ihre Frage lauten, damit Sie mich überzeugen? … Lassen Sie sich Zeit, formulieren Sie eine gute Frage und schreiben Sie diese auf. Dann lesen Sie die Frage einfach vor."

Verkäufer: „Herr Herndl, wir haben jetzt eine Finanzierung gefunden, die genau zu Ihnen passt. Wen kennen Sie denn, der auch demnächst irgendetwas finanzieren will?" (Pause)

Der Trainer wartet die Pause ab und lässt dann den Verkäufer die Frage mit der Pause danach mehrmals wiederholen, bis der Verkäufer sprachlich ganz sicher wirkt und sein Gesichtsausdruck überzeugend ist. Jetzt ist der Verkäufer in der Lage, diese Worte auch im Kundengespräch abzurufen. Er kann den Vorgang automatisieren, wenn er die Frage in den Kundengesprächen der nächsten Zeit immer wieder stellt.

Rote Linien gibt es schon viel länger als zehn Jahre, und es wird diese auch in hundert Jahren noch geben. Wer rote Linien überschreiten will, muss zuerst die bewusste Entscheidung treffen, es zu tun. Wenn dann noch die entsprechende Arbeitstechnik überlegt und trainiert wird, dann wird bald aus einer angstbesetzten roten Linie eine selbstverständliche und erfolgversprechende Gewohnheit. Meine Erfahrung ist, dass die meisten Verkäufer in diesem Punkt noch nicht da stehen, wo sie hin sollten.

Das Was und das Wie

Die richtige Arbeitstechnik bezeichnet das „Wie“ im Verkauf. Die richtigen Fragen müssen im Schlaf beherrscht werden, sonst werden diese im Kundengespräch nicht gestellt. Die Erfahrungen der letzten Jahre zeigt, dass in diesem Punkt nach wie vor ein großer Nachholbedarf besteht. Das „Was“ kann man den Menschen leicht verkaufen. Kein Verkäufer zweifelt daran, dass der Einsatz des „Kundenbefragungsbogens“ im Verkaufsgespräch prinzipiell sinnvoll ist. Die Notwendigkeit, mehrere Sparten anzusprechen, wird ebenso kaum bestritten wie die Sinnhaftigkeit der Empfehlungsnahme, um damit den Kundenbestand zu erweitern. Das „Wie“ wird aber von den Führungskräften selten „mitverkauft“, und dann wundern wir uns, wenn Verkäufer diese Aktivitäten doch wieder nicht umsetzen.

Solange nicht Unterlagen im Unternehmen vorliegen, auf denen nachzulesen ist, mit welchen Fragen Verkäufer auf welche Sparten überleiten können, solange es für den Einsatz des Kundenfragebogens keine standardisierten Angebote gibt, ist der Verkäufer immer wieder auf das Ausprobieren angewiesen. Damit ist er manchmal mehr und manchmal weniger erfolgreich. Wer weniger erfolgreich in einer Aktivität ist, der wird diese bald wieder einstellen. An dieser Stelle wird klar, dass nur automatisierte Prozesse im Verkaufsgespräch langfristig zum Erfolg führen können. Sprechen Sie als Verkäufer doch Ihre Führungskraft darauf an. Und wenn Sie keine brauchbaren Antworten bekommen, dann fertigen Sie doch für sich selbst Listen an, auf denen Sie Fragen aufschreiben, von denen Sie glauben, dass Ihnen damit im Kundengespräch geholfen ist. Wenn Sie die Fragen im Kundengespräch erproben, werden Sie feststellen, dass Sie an der einen oder anderen Stelle nachjustieren müssen. Irgendwann wird dann aber ihr persönlicher und ausgereifter Katalog vorliegen, der Ihr ganz persönliches „Wie“ im Kundengespräch beinhaltet.

Fragen und Pausen

Wir haben eben ausgeführt, wie wichtig das „Wie“ im Verkaufsgespräch ist. Wir haben auch gesehen, dass das „Wie“ gerade im Verkauf sehr das Stellen der „richtigen Fragen“ bedeutet. In den letzten Jahren konnte ich häufig erleben, dass der Wandel vom „Produktzusteller“ zum „Fragensteller“ noch immer zu den größten Herausforderungen gehört, denen sich ein Verkäufer stellen muss. Wir werden zwar als „Fragensteller“ geboren und gehen unseren Eltern als Kinder durch endlos lange Fragenketten auf die Nerven. Aber schon in der Schule geht es dann viel mehr um Antworten als um Fragen. Wir lernen Produkte anzufertigen (Hausarbeiten, Diktate ...) und werden überwiegend durch Frontalvorträge der Lehrkräfte „beglückt“, auch wenn sich in den letzten Jahren doch ein Wandel in der Unterrichtsgestaltung abzeichnet. Das „Frag nicht so viel“ brennt sich mehr und mehr auf unserer Festplatte ein, sodass der Fragensteller in uns, der als Kind unser Tun so sehr bestimmt hat, immer kleiner und kleiner wird.

Nun, das wäre ja nicht so schlimm, wenn Sie, liebe Leser, nicht den Verkaufsberuf gewählt hätten. Wer über lange Sicht hin auf zufriedene Kunden stolz sein will, der wird sich schnell wieder zum Fragensteller entwickeln müssen, weil er sonst an den Motiven der Kunden vorbei präsentiert. Solche Kunden fühlen sich dann rasch genervt, und die Kundenbeziehung schlägt eine Richtung ein, die Sie gar nicht wollen.

Wer im Verkauf erfolgreich sein will, kommt nicht darum herum, sich die richtigen Fragen anzueignen, diese auch zu stellen und dann die Pausen nach den Fragen abzuwarten, weil ohne Pause die allerbeste Frage die Wirkung verliert. Dieses Erlebnis haben Sie wohl selbst schon öfters in der Abschlussphase eines Verkaufsgesprächs gehabt: Alles wurde besprochen, jetzt geht es nur noch um den Vertrag. An dieser Stelle des Verkaufsgesprächs wird oft gezögert, Zusammenhänge werden noch einmal erklärt, und der Kunde muss sich Ihre Antworten auf Fragen anhören, die er gar nicht gestellt hat.

Ich konnte auch in den letzten Jahren viele Verkaufsgespräche beobachten, die bis zur Abschlussphase wunderbar gelaufen sind, dann aber nicht zum Abschluss kamen, weil die Abschlussphase technisch unsauber lief. Stellen Sie doch einfach die Abschlussfrage und zählen Sie in der Pause danach bis 4:

> „Herr Kunde wollen wir das jetzt so machen?“ (… einundzwanzig, zweiundzwanzig, dreiundzwanzig, vierundzwanzig …)

Es dauert eine Zeitlang, bis die Frage beim Kunden ankommt, gehört wird, verstanden wird, bewertet wird, um schließlich im Bauch des Kunden zu „landen“. Erst in der Pause nach der Frage entsteht für den Kunden der Druck im Bauch, sich jetzt zu outen. Dann gibt es nur mehr zwei Möglichkeiten: Entweder er sagt „ja“, und Sie schreiben den Vertrag, oder er bringt Einwände, die Sie dann noch bearbeiten müssen. Die Einwandbehandlung ist in den vorderen Kapiteln dieses Buches ausführlich beschrieben, für diese Ausgabe habe ich an manchen Stellen nachjustiert.

Telefonakquise

Wenn ich mir die Gespräche der letzten Zeit mit meinen Seminarteilnehmern in Erinnerung rufe, dann habe ich das Gefühl, dass kaum noch jemand selbst telefoniert. Die meisten Termine werden anscheinend über „Callcenter“ bzw. von Büroangestellten vereinbart. Gleichzeitig klagen Verkäufer aber auch darüber, dass Termine, die das Callcenter ausgemacht hat, zu einem Großteil doch nicht zustande kommen.

Ich bleibe nach wie vor ein Verfechter davon, Kundentermine selbst auszumachen. Der Verkäufer ist (hoffentlich) nach wie vor derjenige, der sein Geschäft und seine Kunden am besten kennt. Er sollte die Vorteile, die sich für den Kunden aus der Kooperation mit dem Unternehmen, das er vertritt, am besten abrufen können. Der Verkäufer selbst kann im Telefonat mit einem Kunden am meisten „zwischen den Zeilen" heraushören, Einwände bearbeiten und Informationen sammeln, die für eine spätere Kontaktaufnahme notwendig sind, falls es nicht gleich zum Termin kommt.

Trotzdem gilt natürlich auch hier, dass der Erfolg zählt. Wenn Sie regelmäßig die Anzahl von Kundenterminen pro Woche schaffen, die Sie sich vorgenommen haben, ohne dafür selbst zum Hörer greifen zu müssen, soll es mir recht sein. Achten Sie bitte aber gerade in diesem Fall darauf, sich nicht in die eigene Tasche zu lügen, und führen Sie sorgsam Buch darüber, wie viele der von anderen für Sie vereinbarten Termine auch wirklich stattgefunden haben. Wenn sich eine Lücke auftut, planen Sie zumindest so viele Eigentelefonate, wie Sie benötigen, um diese Lücke zu füllen.

Ordnung im Vertrieb

In den letzten Jahren durfte ich mit vielen motivierten Verkäuferinnen und Verkäufern Seminare durchführen. Wir haben gemeinsam viele roten Linien entdeckt und überschritten, wir haben uns gemeinsam die Erkenntnis erarbeitet, dass das erfolgreiche Verkaufen vor allem die Anwendung der richtigen Fragetechnik erfordert. Wir haben auch gemeinsam festgestellt, dass Verkaufserfolg voraussetzt, dass Verkaufsgespräche stattfinden und waren uns ebenso darüber einig, dass eine Mindestanzahl an Verkaufsgesprächen pro Tag geplant werden muss, wenn man den Verkaufserfolg langfristig sicherstellen will.

Ich durfte sehr oft erleben, wie engagiert die Seminarteilnehmer sich an der Diskussion dieser Themen beteiligten, und war angetan davon, wie oft es gelang, Einsicht darüber zu erzeugen, dass nur ein geplantes Vorgehen erfolgreich macht. Dieser Plan muss die Anzahl der Termine pro Woche ebenso beinhalten wie die Art der telefonischen Terminvereinbarung und natürlich auch den Ablauf der Verkaufsgespräche, von der Anlassbearbeitung über den Kundenfragebogen bis hin zum Cross-Selling und der Empfehlung.

Im Nachgang zu den Seminaren gab es oft regen Austausch mit den Teilnehmern in Form von Mails, manchmal hatte ich auch die Gelegenheit, Teilnehmer bei Folgeveranstaltungen wiederzusehen: Manches war umgesetzt worden, vieles aber auch wieder eingeschlafen. Alteingesessene Muster hatten sich oft wieder eingeschlichen, obwohl die Verkäufer ganz genau wussten, dass sie vor gar nicht langer Zeit einem Trainer abgekauft hatten, dass sie nur Vorteile hätten, wenn sie ihr Verhalten im Verkaufsprozess adaptieren würden.

Manchmal wurden dann ausgearbeitete Pläne eben nicht mehr so konsequent umgesetzt, und oft regierte wieder der Zufall über einen geplanten Ablauf. Erschwerend kommt gerade im Verkaufsberuf dazu, dass sich Verkäufer ihre Zeit im Großen und Ganzen selbst einteilen können, was ein hohes Maß an Eigendisziplin voraussetzt oder eine Führungskraft, die einen straffen Zeitplan konsequent einfordert.

Ich konnte mir diese Erkenntnisse vorerst nicht erklären. Wohl wusste ich, wie groß der „innere Schweinehund" gerade in Berufen sein kann, in denen man sich die Zeit selbst einteilt. Andererseits ist es gerade auch der Beruf des Verkäufers, der eine „ordentliche" Arbeit unmittelbar mit der ausbezahlten Abschlussprovision vergütet. Der Verkäufer bestimmt also selbst, was er verdient.

Auf der Suche nach der Erklärung für diese Beobachtungen hatte ich eines Tages ein einschneidendes Erlebnis. Ich war dabei, im Internet ein Seminar für mich zu finden, das meine Batterien wieder aufladen würde. So saß ich bald darauf in einem Benediktinerkloster in Österreich in einem Einkehrseminar für

Manager. Der Leiter des Seminars war der Abt des Klosters. Er eröffnete das Seminar, nachdem er vorher einen freundlichen Blick in die Runde der Teilnehmer schweifen ließ, mit einem Lächeln und den Worten: „Wir haben hier folgende Ordnung." Dann folgten konkrete Hinweise, was während des Seminars zu welchen Zeiten passieren würde. Das Wort „Ordnung" hat mich sehr bewegt, weil ein einziges Wort den gesamten Ablauf einer Seminargruppe für die nächsten drei Tage festgelegt hatte. Niemand kam auf die Idee, über die Ordnung zu verhandeln, sie war einfach da, und wir hielten uns daran. Im Laufe des Seminars kam ich mit der Benediktsregel in Kontakt, ein kleines schwarzes Büchlein mit goldener Aufschrift, das seit 1500 Jahren die Abläufe in Klöstern regelt und heute noch gilt.

Je mehr ich mich mit der Benediktsregel beschäftigte, desto mehr wurde mir klar, dass diese feste Struktur der Missing Link zwischen den guten Vorsätzen und wirklichen Taten der Verkäufer sein konnte, und ich machte mich daran, die Benediktsregel auf den Vertrieb zu übertragen. Inzwischen ist auch mein neues Buch zu diesem Thema „Führen und verkaufen mit der Kraft der Ordnung" erschienen, und es gibt auch schon einige Projekte, in denen es gelang, mithilfe einer aufgestellten und umgesetzten Ordnung in ausgewählten Vertriebsbereichen hervorragende Verkaufsergebnisse zu erzielen.

Wie sich herausgestellt hat, ist es relativ einfach, als Verkäufer seine persönliche Ordnung einzuführen. Das Schaffen dieser Ordnung besteht im Wesentlichen aus drei Schritten:

1. Sie brauchen eine fixe Anzahl von Verkaufsgesprächen pro Arbeitstag

Beantworten Sie bitte für sich die Frage, wie viele Verkaufsgespräche am Tag Sie sich zutrauen. Gehen wir einmal von drei Verkaufsgesprächen pro Tag aus. Dann treffen Sie doch bitte für sich die Entscheidung, dass an jedem Arbeitstag drei Verkaufsgespräche in Ihrem Kalender stehen. Nicht einmal vier und einmal null, nicht sechs bis zwölf in der Woche, sondern eben drei Gespräche pro Arbeitstag.

2. Schaffen Sie Standardsituationen

Aus welchen Situationen entstehen im Fußball die meisten Tore? Aus Standardsituationen. Und warum? Richtig, weil man diese üben kann. Mit Verkaufsgesprächen sollte es sich ganz gleich verhalten. Sie haben mit dem Kunden einen „Fall" abzuarbeiten, der Anlass für Ihren Termin war. Dann geht es aber erst so richtig los. Kundendatenbogen, Produkt, Abschluss, Cross-Selling, Empfehlung. Ein Verkaufsgespräch hat einen natürlichen Ablauf. Es beginnt eben bei der Begrüßung und endet bei der Frage nach der Empfehlung. Das Trainieren der richtigen Fragen wird Ihnen helfen, diese Standardsituationen souverän umzusetzen. Dann müssen Sie nicht immer von neuem nachdenken oder bestimmte Situationen vermeiden, weil Ihnen gerade keine elegante Überleitung in die nächste Phase einfällt.

3. Stellen Sie sicher, dass die Termine der nächsten Woche bis spätestens Freitagnachmittag feststehen

Irgendwann am Freitag kommt der Punkt, an dem Sie ins Wochenende gehen wollen. Nun stellt sich die Frage, ob Sie auch dann Feierabend machen, wenn die geplanten Termine für die nächste Woche noch nicht fixiert sind, oder ob Sie so lange bleiben, bis die drei Termine pro Tag stehen. Das ist der Knackpunkt, der auf lange Sicht hin die Grundlage Ihres Erfolgs oder auch Misserfolgs ist, weil eben Verkaufserfolg voraussetzt, dass Verkaufstermine stattfinden.

Wahrscheinlich werden Sie im Laufe der Woche immer wieder terminieren. Vielleicht gibt es auch ein Callcenter, das für Sie ein paar Termine vereinbart. Vielleicht sagt Ihnen Ihre Erfahrung, dass beispielsweise jede Woche noch drei Termine hinzukommen, die die Kunden von sich aus einfordern. Alles das können Sie natürlich in Ihre Überlegungen einfließen lassen. Fragen Sie sich aber bitte auch, wie viele Termine im Laufe der

Woche im Schnitt wieder abgesagt werden. Wenn Sie dann alles abwägen, wissen Sie, wie viele Termine am Freitag in Ihrem Kalender stehen müssen, damit die nächste Arbeitswoche für Sie erfolgreich wird.

Auf der folgenden Seite finden Sie eine typische Arbeitswoche für einen Verkäufer im Außendienst. Viele Punkte davon werden für Sie eins zu eins zu übernehmen sein. Trotzdem lade ich Sie ein, Ihre persönliche Arbeitswoche nach dieser angebotenen Struktur zu planen.

Tragen Sie also Ihre Zeiten ein, die Sie für Telefonakquise und Kundentermine planen wollen. Konzept- und Büroarbeit wird wahrscheinlich ineinander fließen. Viele Verkäufer haben einmal wöchentlich ein Teammeeting des gesamten Verkaufsteams und ein Zielgespräch mit der unmittelbaren Führungskraft. Wenn das auch auf Sie zutrifft, dann sind die dafür vereinbarten Zeiten natürlich zu blocken. Vergessen Sie auch nicht, ausreichend Freizeit einzuplanen.

Die Vorteile der Ordnung im Vertrieb

In einigen Verkaufsseminaren bat ich die Teilnehmer aufzulisten, welche Vorteile sich für sie ergeben würden, wenn sie eine solche Ordnung in ihren Verkaufsprozessen einführen würden. Hier finden Sie eine Auswahl der Aussagen:

- Erfolg findet nicht mehr zufällig statt, sondern wird geplant.
- Feste Prozesse sind wie ein rollendes Rad.
- Feste Ordnung verhindert Leerzeiten.
- Konkrete Hilfsansätze (Fragen, Einwände, Telefonleitfäden) helfen, Verkaufsgespräche zu standardisieren.
- Kein Aktionismus, sondern Standard und Struktur.
- Verdoppelung des Umsatzes.

<table>
<tr><th colspan="8">Musterwochenplan</th></tr>
<tr><th>Zeit</th><th>Montag</th><th>Dienstag</th><th>Mittwoch</th><th>Donnerstag</th><th>Freitag</th><th>Samstag</th><th>Sonntag</th></tr>
<tr><td>08:00-09:00</td><td rowspan="2">Büro</td><td>Büro</td><td rowspan="2">Konzept</td><td>Büro</td><td>Büro</td><td rowspan="5">Freizeit</td><td rowspan="5">Freizeit</td></tr>
<tr><td>09:00-10:00</td><td rowspan="2">Konzept</td><td rowspan="2">Kunden-termin 1</td><td rowspan="2">Kunden-termin 1</td></tr>
<tr><td>10:00-11:00</td><td rowspan="2">Konzept</td><td rowspan="2">Kunden-termin 1</td></tr>
<tr><td>11:00-12:00</td><td rowspan="2">Kunden-termin 1</td><td rowspan="2">Kunden-termin 2</td><td rowspan="2">Kunden-termin 2</td></tr>
<tr><td>12:00-13:00</td><td>Telefon-akquise</td><td>Büro</td></tr>
<tr><td>13:00-14:00</td><td>Freizeit</td><td>Freizeit</td><td>Freizeit</td><td>Freizeit</td><td>Freizeit</td><th>Stunden</th><th>Was</th></tr>
<tr><td>14:00-15:00</td><td rowspan="2">Kunden-termin 1</td><td>Telefon-akquise</td><td rowspan="2">Kunden-termin 2</td><td rowspan="2">Kunden-termin 3</td><td rowspan="2">Kunden-termin 3</td><td>30</td><td>Kunden-termine</td></tr>
<tr><td>15:00-16:00</td><td rowspan="2">Kunden-termin 2</td><td>4</td><td>Telefon-akquise</td></tr>
<tr><td>16:00-17:00</td><td rowspan="2">Kunden-termin 2</td><td rowspan="2">Kunden-termin 3</td><td>Zielgespräch</td><td rowspan="2">Team-meeting</td><td>6</td><td>Konzept</td></tr>
<tr><td>17:00-18:00</td><td rowspan="2">Kunden-termin 3</td><td rowspan="2">Telefon-akquise</td><td>7</td><td>Büro</td></tr>
<tr><td>18:00-19:00</td><td rowspan="2">Kunden-termin 3</td><td rowspan="2">Freizeit</td><td rowspan="2">Freizeit</td><td>2</td><td>Team -meeting</td></tr>
<tr><td>19:00-20:00</td><td>Freizeit</td><td>Büro</td><td>1</td><td>Zielgespräch</td></tr>
<tr><th>Stunden</th><td>11</td><td>10</td><td>9</td><td>11</td><td>9</td><th>50</th><th>Gesamt</th></tr>
</table>

- Fahrplan zum Erfolg, an den sich jeder halten kann.
- Immer gleiche Flughöhe, nicht nur Spitzen im Wettbewerb.
- Man kommt sicher zum Ziel.
- Man kann das eigene Leben ordnen.
- Wo „ordentliche“ Verkaufsgespräche geplant sind und durchgeführt werden, kommt der Verkaufserfolg von selbst.
- Man kann gar nicht anders, als erfolgreich sein.
- Mehr Erfolg/Spaß/Zufriedenheit/Umsatz.
- Alle machen das Gleiche.

Nun möchte ich Sie, liebe Leserinnen und Leser, einladen, mit dem Thema Ordnung zu experimentieren. Vielleicht ist die Einführung und Umsetzung einer konkreten Ordnung in den Vertriebsprozessen auch für Sie eine Möglichkeit, noch mehr Freude und Erfüllung in Ihrem Beruf zu finden. Vielleicht wollen Sie diese Anregungen sogar zum Anlass nehmen, die Ordnung in all Ihren Lebensbereichen zu überprüfen.

Gerne stehe ich Ihnen für die weitere Diskussion zu diesem Thema zur Verfügung. Ich freue mich auf Ihre Rückmeldung.

Ihr

Literatur

Birkenbihl, Vera F.: *Fragetechnik schnell trainiert,* Landsberg am Lech 1998

Blanchard, Kenneth/Johnson, Spencer: *Der Minuten Manager,* Reinbek 2002

Fink, Klaus-J.: *Bei Anruf Termin,* Wiesbaden, 3. Auflage 2005

Fink, Klaus-J.: *Empfehlungsmarketing,* Wiesbaden, 4. Auflage 2008

Geffroy, Edgar K./Klose, Michael: *Verkaufserfolge auf Abruf,* Landsberg am Lech 1991

Greve, Gustav: *Organizational Burnout,* Wiesbaden 2010

Herndl, Karl: *Führen im Vertrieb,* Wiesbaden, 3. Auflage 2010

Herndl, Karl: *Das 15-Minuten-Zielgespräch,* Wiesbaden, 2. Auflage 2010

Herndl, Karl: *Führen und verkaufen mit der Kraft der Ordnung,* Wiesbaden 2010

Maas, Martin: *Praxiswissen Vertrieb,* Wiesbaden, 3. Auflage 2006

Robbins, Anthony: *Das Power Prinzip,* Bonn 1995

Schulz von Thun, Friedemann: *Miteinander reden 1: Störungen und Klä rungen,* Reinbek 1981

Seidl, Conrad/Beutelmeyer, Werner: *Die Marke Ich,* Frankfurt a. M./Wien 1999

Sickel, Christian: *Verkaufsfaktor Kundennutzen,* Wiesbaden, 4. Auflage 2008

Sickel, Christian: *Mehr Umsatz mit Kaltakquise und Direktbesuch,* Wiesbaden, 2. Auflage 2011

Sprenger, Reinhart K.: *Das Prinzip Selbstverantwortung,* Frankfurt a. M. 1996

Sprenger, Reinhart K.: *Mythos Motivation,* Frankfurt a. M. 1997

Sprenger, Reinhart K.: *Gut aufgestellt. Fußballstrategien für Manager,* Frankfurt a. M. 2010

Der Autor

Karl Herndl, Jahrgang 1961, studierte Pädagogik und Gruppendynamik in Klagenfurt. Danach arbeitete er sieben Jahre in mehreren Funktionen in einem Dienstleistungsunternehmen in Wien, zuletzt als Verkaufsleiter.

Seit 1997 führt er als Geschäftsführer der „Karl Herndl Training KG" im deutschsprachigen Raum Projekte und Seminare zur Verkaufsförderung durch.

Er ist Autor der ebenfalls bei Gabler erschienenen Titel „Führen im Vertrieb" (3. Auflage 2010), „Das 15-Minuten-Zielgespräch" (2. Auflage 2010) und „Führen und Verkaufen mit der Kraft der Ordnung" (2010).

Kontakt:

Mag. Karl Herndl

E-Mail: office@karl-herndl-training.com
Homepage: www.karl-herndl-training.com